U0813969

GIC 系列丛书

应用翡翠宝石学

YINGYONG FEICUI BAOSHIXUE

袁心强 著

中国地质大学出版社
ZHONGGUO DIZHI DAXUE CHUBANSHE

内容简介

本书介绍了翡翠的历史、矿床、开采、宝石学特点、鉴定方法、品质评价，以及当前翡翠研究的重点问题和方向等，汇集了最新的翡翠研究成果，重点介绍翡翠的鉴定方法和技术。本书内容丰富、结构紧凑、概念严谨、条理清晰，可作为大专院校的教学和职业技术培训的教材，以及专业人员的参考书。

图书在版编目(CIP)数据

应用翡翠宝石学/袁心强著. —武汉：中国地质大学出版社，2009.7(2024.7 重印)
ISBN 978-7-5625-2266-9

Ⅰ应…
Ⅱ.①袁…
Ⅲ.玉石-基本知识
Ⅳ.P619.28

中国版本图书馆 CIP 数据核字(2008)第 113255 号

应用翡翠宝石学	袁心强　著
责任编辑：张琰	责任校对：张咏梅
出版发行：中国地质大学出版社(武汉市洪山区鲁磨路 388 号)	邮政编码：430074
电　　话：(027)67883511　　传真：67883580	E-mail：cbb@cug.edu.cn
经　　销：全国新华书店	http://www.cugp.cn
开本：787毫米×960毫米 1/16	字数：325千字　　印张：16.5
版次：2009年7月第1版	印次：2024年7月第14次印刷
印刷：武汉中远印务有限公司	印数：55 001—58 000册
ISBN 978-7-5625-2266-9	定价：60.00元

序　言

翡翠是最重的一种玉石，虽然只是到了清朝中后期才开始流行，但是很快就取代新疆软玉的位置，以其鲜艳的色彩和细腻的质地，传承了白玉造就的数千年的玉石文化，成为中国，乃至世界的玉石之王。

翡翠不仅在玉石的审美方面有着无穷的韵味，价值连城，同时，翡翠的开采、加工、鉴定和历史都尚存有未知的领域，吸引学者、专家、收藏家、商人等去钻研探究其中的奥秘。在19世纪中叶，法国矿物学家Damour发现中国玉器有两类不同的矿物组成：一类为闪石类，是传统的新疆产的和阗玉，称之为Nephrite；另一类为辉石类的钠铝硅酸盐，是从缅甸流入中国的翡翠，称之为Jadeite，成为开启翡翠科学研究的先驱。随着科技和翡翠市场的发展，有关翡翠的研究成果已数以千计，尤其是中国的专家学者做出了巨大的贡献，因此，作者才得以引用了大量的有关研究成果，丰富本书的内容。

本书以作者的教学和鉴定经验为基础，阐述翡翠的主要宝石学知识，对近年来市场上翡翠新品种、新的优化处理翡翠，翡翠品质分级的概念和方法也作了一定的介绍。在原来《翡翠宝石学》的基础上，添加了最新的进展、更多的图片，使之更易于理解。

本书的出版，得到了各界朋友的热心帮助，得到出版社的积极支持和合作，作者期望所出版的书籍能适应珠宝从业者和珠宝爱好者的需要，能够为翡翠研究和市场的繁荣做一点贡献。

袁心强
珠宝学院
2009年4月15日

作者简介

袁心强教授，曾留学德国珠宝学院，长期从事宝石学教学和科研，在宝石学教育上深有造诣，同时也是我国知名的宝石仪器专家，获得多项专利技术。现任中国地质大学（武汉）珠宝学院院长、全国珠宝玉石质量检验师考试专家委员会委员，全国珠宝玉石质量检验师考前培训武汉站主任等职。

目　录

第一章　概论

——翡翠的历史、名称、商业和研究概况

翡翠是最重的一种玉石，无论是价值还是市场的普及率都位居众玉之首。同时，翡翠又是最为复杂、最具有神秘性和最具有挑战性的一种玉石，它的质量千差万别，难以捉摸，俗话说："神仙难断玉石"。翡翠的赌石生意，既有一日暴富的可能，也有血本无归的风险。翡翠的新品种、仿冒品、处理品，做假手段层出不穷，使得识别翡翠的观念和技术方法也要不断地更新。所以，要从事翡翠的商业贸易或鉴定和研究，必须尽量对翡翠有全面和深入的了解。

第一节　翡翠的发现和历史

缅甸的翡翠于何时发现，至今没有确切的结论。据《缅甸史》记载，公元1215年刚被受封为土司的珊龙帕在距今孟拱不远的孟拱河上游过河时，无意中在河滩上发现了一块形如鼓状的蓝玉，随后在附近修筑城池，并起名孟拱，意思是鼓城[1]。孟拱曾经是重要的翡翠集市，位于翡翠玉石产区的东边，相距50km。

另一种说法是，13世纪时，云南的商人在从缅甸运商品回云南的途中，无意中把一块翡翠巨砾用来平衡他的骡子驮的担子而发现的[2]。

马罗刚等（1999）[3]根据对腾冲出土文物的考证：元代以前腾冲的墓葬物中并没有翡翠，明朝以后才有翡翠传入中国。

董廷森（1994）[4]提到“腾冲堡侨先辈尹子章、尹子鉴先生合著的《芸草合编》载：缅甸玉石于1443年为当地土人从被冲刷的河床发现，后来华侨也发现了几处玉矿，遂取之拿到三亚拱（现密支那）与腾越交易。”

根据《云南北界勘察记》，缅甸雾露河沿岸产玉区内的老厂是从明朝嘉靖年间开始开采[5]。明朝末年，云南腾冲的玉石业已颇有规模。著名文人徐霞客到过腾冲，目睹了腾冲的玉石业，玉石商潘生送了两块玉石给他，徐霞客称之为“翠生玉”[1]。

及至清朝，翡翠的商业规模进一步扩大，据《滇海虞衡志》记述，“玉出南金沙江，距州二千余里，中多玉。夷人采之，撇出江岸各成堆。粗矿外护，大小如鹅卵石状，不知其中有玉并玉之美恶与否。估客随意买之，运至大理及滇省，背有作玉坊。解之见翡翠，平地暴富矣。”[6]但是，汉人“在康雍朝，尚未敢历险厂地。到乾隆初元，玉石厂始有汉人足迹”。[5]

英国历史学家李·约瑟在《中国科学技术史》一书中认为翡翠是18世纪以后才从缅甸经云南传入中国的。

对中国古玉器的研究也表明[7]，历代的古玉器中，少有翡翠制品，虽然有些文献记载和少量的考古发现，但是否确为缅甸翡翠并无定论。只是到了清朝中后期，翡翠器件才有较多发现，并逐渐增多，直到取代新疆软玉的位置，成为中国玉石市场的主要品种。

第二节　翡翠名称的起源和定义

缅甸产的玉石为何称为“翡翠”，也有不同的看法。多数人认为：“翡翠”一词很早就有了，在汉代许慎著的《说文解字》一书中就对“翡翠”二字作了解释：“翡，赤羽雀也，翠，青羽雀也。”在《后汉书·西南夷传》中也有记载：“哀牢……土地沃美……出铜、铁、铅、锡、金、银、光珠、琥珀、水晶、琉璃、轲虫蚌蛛、孔雀、翡翠、犀、象、猩猩……。”其中翡翠是西南滇黔地区的一种美丽的小鸟，其羽毛有红、绿二色。在古代也常用漂亮的羽毛做首饰，如翠钿，就是用羽毛装饰的一种发簪。所以，翡翠在本义上是指小鸟或者漂亮的羽毛或者漂亮的红和绿色。由于当地的玉石颜色有绿有紫有红，与翡翠鸟的颜色相似，故用鸟羽的名称来称呼具有鲜艳色彩的玉石，名之“翡翠”（图1-1、图1-2）。

图1-1 翡翠原石

另一种意见是，我国历代把新疆和阗产的绿色软玉质玉称为翠玉，在清朝初、中叶，缅甸玉石开始大量输入中国，为了与和阗翠玉区别，被称为“非翠”，由于“非翠”的颜色比和阗翠玉更鲜艳，颜色又多样，逐渐讹传为“翡翠”[8]。

与前一种意见比较，后一种说法更偏重于强调缅甸的玉石与和阗玉的不同，尽管最后也因其颜色绚丽等原因讹传为翡翠。

所以翡翠最早所指的是缅甸产的颜色鲜艳的玉石。在翡翠资源还相当丰富的情况下，没有颜色的玉石被弃之不用，不当作翡翠。到了后来，尤其是到了20世纪70年代，原先弃之不用的庄头料（即无色彩或色少还达不到翡翠级的大块玉石），从1973年开始大量上市。据述，头一年（1973年）还只要水头较好的带小点色的庄头料，第二年求其次的也可以论斤拍卖，到了第三年连底仗不好的，有癣有毛病的庄头料也有人买了[5]。这样，翡翠一词的内涵也有了变化，不仅仅指颜色鲜艳的玉石了。

图1-2 清代翡翠仿古瓶

另一方面，在19世纪中叶，法国的矿物学家Damour发现中国的玉器有两类不同的矿物组成：一类为闪石类，是传统的新疆产的和阗玉，并称之为Nephrite，另一类是辉石类的钠铝硅酸盐，是从缅甸流入中国的翡翠，并称之为Jadeite。日本学者根据两者硬度方面的差别，分别翻译成软玉和硬玉[9]。Damour从物质组成的角度科学地指出翡翠的矿物组成为硬玉（Jadeite），硬玉是一种具有辉石类晶体结构特征的钠铝硅酸盐矿物。

硬玉是一种在较为特殊的地质条件下形成的矿物，除了缅甸外，在世界的其他地方也陆续发现。如日本和中美洲也产出有硬玉，并且也被用作玉石，其历史甚至比缅甸的翡翠更加悠久，但是，也有些地方产出的硬玉并没有作为玉的性质，所以，把硬玉当作翡翠的解释显然不够合适。

1979年台湾学者谭立平提出对Nephrite和Jadeite翻成“软玉”与“硬玉”的不同意见，建议译成“闪玉”和“辉玉”[10]。20世纪90年代以来，我国宝石学有很大的发展，许多学者都认识到了翡翠与硬玉存在差别，对翡翠的定义进行了修订，定义为：达到了宝石级的硬玉集合体[11]。

20世纪90年代末，欧阳秋眉进一步扩展了辉石玉的内涵，把各种与硬玉在晶体化学上有联系的相关矿物，以及这些矿物种类组合形成的集合体，不论产地何处都归属为辉石类玉，并提出翡翠是由这些辉石类矿物为主（含量大于60%）组成的具有细粒镶嵌结构的玉石[9]。依这一定义，翡翠没有地域性界线，也可包括很多的品种，也能比较好地适应翡翠新品种越来越多的实际情况。由于目前对翡翠的定义还存在不同的意见，在宝石名称等有关的国家标准中，仍采用更为狭义的概念，故暂时可把欧阳秋眉提出的这一概念称为翡翠的广义定义。相对狭义的，目前在宝石界中使用的定义是：翡翠是以硬玉为主要矿物成分的玉石。

第三节　玉石之王

根据考古和文献资料，我国在清代以前很少或者没有使用翡翠，据云南腾冲的考古文献资料，在明朝以前的墓葬中没有发现翡翠的随葬品，只是从清末以来翡翠玉器才大量出现。而和阗玉是我国传统的玉器，至少已有

3 000年的历史。从战国以后的各代文物中和阗玉的发现更多、质地也更好。战国时期文献资料中也多有和阗玉的记载，这些事实说明，自战国以来，和阗玉就一直被认为是最好的玉石品种，是当时的玉石之王（如图1-3，白玉挂牌）。

图1-3 白玉挂牌（博观拍卖）

翡翠能取而代之的原因很多，其主要原因之一是翡翠的宝玉石属性（美丽、稀有和耐久）更胜于和阗玉。与和阗玉比较，翡翠的颜色更为鲜艳，透明度更好，不仅可以与和阗玉一样制作玉器，承载传统的玉石文化，而且还可以用金银镶嵌，制作各种首饰，用途更为广泛（如图1-4，清代翡翠对瓶）。除此之外，翡翠产出的地理位置与中原接近等也是重要的原因。

据《云南北界勘察记》，早在明朝初年云南腾冲人就进入到玉石集散地孟拱经商，虽然在清朝乾隆年间，还没有汉人历险涉入玉石产区，但到了20世纪初在玉石产区找矿和经商的汉人反而比当地缅甸人更多了。汉人参加缅甸翡翠的开采和商贸，使大量的翡翠可源源不断地输入中国内地。

图1-4 清代翡翠对瓶

翡翠得以广泛流传还和清王朝的皇家贵族的嗜好有关，从清朝中叶的乾隆年间翡翠开始得到重视，到清朝末年达到了顶峰。尤其是权倾一时的慈禧太后，最喜欢翡翠玉器，经常向粤海关索要翡翠偏方、别子、簪子和戒指等首饰[12]。为了讨好慈禧太后，湖广总督张之洞不顾同仁之情，借口“与义和团有嫌”，诬陷告老还家在襄阳的老京官，将其满门抄斩，实为夺取老京官不肯割爱的一块优质翡翠。之后，张之洞将其做成降魔杵，在慈禧太后七十大寿时敬献之。慈禧太后也对之喜爱有加，临终前仍捧在手中[6]。清朝皇家对翡翠的嗜好引发了整个社会对翡翠的追求，使得清末对和阗玉的使用大为减少，而翡翠异军突起，取代了新疆和阗玉的位置，主宰玉器市场直到现在。

第四节　翡翠的商业特色

翡翠一直是具有高风险同时也具有高利润的商品，从开采翡翠的挖掘开始，老板与挖玉工人就共担风险，按约定俗成的玉石厂规矩，老板提供资金，供工人伙食，采到玉石后，老板得一半，另一半归工人作为工薪；如果没有采到玉，老板白贴伙食费，工人白费力气。而采到高档翡翠，除了辛劳，主要是靠运气。

在英国人统治缅甸时，对翡翠的税制是“值佰抽三十三”，而对“琥珀”的税收仅“值佰抽五”。对翡翠的税收之高令人咋舌。20世纪60年代至90年代，缅甸政府不允许民间采玉，走私者一旦被控罪就会被重判刑法，但高利润仍然驱使玉商从事冒险的地下生意。在这期间翡翠的年产量依然达300t以上，价值在15亿元人民币左右[13]。

一、曼德勒（瓦城）翡翠的集市

过去，大部分的缅甸翡翠（约70%）经长途（1 200km）的地下运输进入泰国的清迈，缅甸政府大约控制产量的20%~30%，在仰光作价拍卖。只有少量的翡翠原料或半成品通过中缅边境进入云南，在云南、盛江、瑞丽和腾

图1-5 曼德勒翡翠市场

冲等地形成翡翠的批发市场。所以，清迈曾经是世界上最大的翡翠交易市场，有各种珠宝玉石加工厂上千家，每年3月都要举行一次大的翡翠拍卖会。但是，自从20世纪90年代后半叶开始，缅甸政府放宽翡翠交易的限制，使得位于缅甸中部的曼德勒（瓦城）逐渐形成翡翠的集市，并取代了清迈的地位（图1-5）。

二、仰光的翡翠公盘

现在，缅甸的翡翠交易主要在缅甸仰光的翡翠珠宝拍卖会，自1964年开始，由缅甸国家宝石公司举办每年一届。前30届共销售翡翠珠宝1.89亿美元，其中翡翠占1.03亿美元，大陆和香港是最大的买家，历年购买翡翠的总额为6 832万美元。

大约1996年开始仰光的翡翠珠宝拍卖会改为每年分别在4月和10月举行两次拍卖，2005年开始，又增加了公盘的次数，改为3月、6~7月和11月的每年三次（图1-6、图1-7）。

图1-6 缅甸翡翠公盘的货场

图1-7 缅甸翡翠公盘的投标和开标会场

2000年以来，中国内地的玉商显示出巨大的实力，成为仰光的翡翠珠宝拍卖会（又称翡翠公盘）的主力，采购的翡翠货值占到总交易额的一半以上，品质好的翡翠往往被广东，尤其是广东揭阳的玉商出高价拍走，出价往往是其他玉商的2~3倍。

三、云南翡翠市场

随着我国的经济发展，翡翠商业的兴起，在靠近缅甸的云南瑞丽、盈江、腾冲等这些与缅甸翡翠产区直线距离约100多公里的地方，自20世纪80年代以来，也快速发展成为翡翠原料、半成品和成品的交易市场（图1-8）。据估计，在20世纪90年代初市场所占的份额还比较小，大约是缅甸翡翠总产量的1%~3%[13]。20世纪90年代后半叶，尤其是1998年3月，缅甸政府正式开通其惟一的翡翠陆路出口通道——与瑞丽姐告一街之隔的木姐市，允许翡翠毛料以边贸方式进入瑞丽，以及2000年8月，国务院批准瑞丽姐告边境贸易区实行全国唯一的“境内关外”特殊监管模式后，瑞丽翡翠玉石集散地的功能迅速扩大，在鼎盛时期每年有4 000t翡翠进入瑞丽。现在，瑞丽市有姐告玉城毛料批发交易市场、华丰珠宝加工工业园区、瑞丽珠宝一条街、姐告中缅街和新东方珠宝城(如图1-9)五大珠宝市场，全市共有大小珠宝加工厂800多家、珠宝店铺1 000多家，从业人员6 000多人。

图1-8 云南珠宝展会上展出的大型翡翠山子

近年来，由于仰光的翡翠公盘交易兴旺，缅甸政

图1-9 瑞丽东方珠宝城

府对翡翠原料的更严格控制，以及盈江到密支那公路的开通，使得翡翠毛料的进口减少，并且转移到了盈江。腾冲的翡翠市场则以旅游服务为主，缺少适合玉商的集贸市场。

四、广东翡翠市场

除了云南中缅边境上这些翡翠市场外，广东后来者居上，逐渐成为国内翡翠重要的加工交易中心，形成揭阳市阳美、佛山市南海区平洲、四会和广州下九路的玉器墟等翡翠加工和交易中心。

揭阳市阳美村是以中、高档翡翠为主的集市。从1905年开始，阳美村就有人从云南购回翡翠原料加工出售。20世纪80年代开始，全村500多户几乎家家都参与了翡翠生意，他们常合伙集资直接到缅甸坑口赌玉购石，运回阳美村加工，高档的翡翠通过各种渠道销往香港、台湾以及内地市场。2000年阳美村建成了翡翠集市，并且沿村内小街还有诸多小店，各家各户也有存货，都可以看货和交易。

图1-10 广州玉器墟玉器市场

广州翡翠市场位于下九路的玉器墟（图1-10），玉器商店林立，翡翠的品种包括了高、中、低档及各种款式的翡翠商品，是目前最大的翡翠成品批发市场，交易量很大。

图1-11 广东佛山平洲翡翠毛料拍卖市场

2003年以来，毗邻广州的佛山市海南区平洲镇在原有成品翡翠的市场的基础上，进一步形成了翡翠原石交易市场（图1-11）。随着市场的兴旺，缅甸几家著名翡翠贸易集团、大公司，纷纷在平洲设立办事处，直接运毛料到平洲销售，现在已成为全国最大的翡翠原料市场。平洲翡翠原料的交易，模拟了缅甸翡翠公盘的投标模式，以暗标方式为主，以价高者得为原则。现在，每月都有1~3场的看货投标交易会，是国内最大的翡翠原料的集散地。

第五节　翡翠的价格

翡翠和众多的商品一样，价格受到很多因素制约，也会随着经济景气的情况涨落，很难准确地预测价格的涨落幅度。20世纪80年代末到90年代初，翡翠价格飞涨，经过一段时间稳定后，最近又开始激剧增长，涨价的幅度比以往还要大。

一、翡翠原石价格

缅甸国家宝石公司在仰光举办的拍卖会上对翡翠原料定的拍卖底价，对了解翡翠的价格有相当的代表性。2004年以前，拍卖会把翡翠原石按质量分成三级。

第一级叫特级或帝王级，即绿色浓且满色，透明度好，质地细的原料明货，底价为每千克数十万至数百万美元（图1-12）。

第二级为商业级，这一级别的翡翠不满色，常可以分出绿和底色，半透明，质地不等，是行内常称为花牌料的明货原料，底价每千克几百至几千美元。这

图1-12 藕粉地芙蓉种翡翠原石1.5kg底价4 800欧元，成交价310 000欧元，约合200万元人民币/kg

一级别的原料，质量差别较大，品种多，体积大，有时可以发现其中隐藏有很好的翠玉，是最值得注意的。

第三级为普通级，是无色、淡色、灰绿色或暗绿色的翡翠，底价一般是每千克几元至几十美元。

2004年以来，缅甸公盘上翡翠的底价标价发生了巨大的变化，优质翡翠的标价比以前高出了十倍，比如没有颜色的冰种翡翠每千克的标价达到10 000元以上（表1-1），带绿色的翡翠的价格更高。而且，投标后的成交价，往往还是这些标价的2~3倍。

表1-1　2006年6月翡翠原石的公盘标价

翡翠品种	单价（元/kg）	翡翠品种	单价（元/kg）
豆地杂淡绿紫罗兰	40	亚藕粉地冰种	1.6万
豆地浅紫罗兰	100	藕粉地冰种	3.5万
水粉地紫罗兰种	400	藕粉地带红皮冰种	3.2万
豆地杂浅绿紫罗兰	1 000	亚玻璃地冰种	2.4万
水豆地杂淡绿紫罗兰	1 170	玻璃地冰种	8万
豆地芙蓉种	100	玻璃地冰种	18万
豆地飘兰花	170	藕粉地芙蓉种	4.5万
粉地芙蓉种	1 500	豆地豆青种（30%绿）	3.8万
水粉地芙蓉种	2 400	水豆地豆青种（80%绿）	30万
水豆地飘兰花	3 720	翠绿带子玉（20%绿）	300万

二、翡翠成品价格

翡翠精品从古至今都是价值连城，其价格可以从对翡翠的估价和拍卖成交价得以知晓，例如，慈禧太后的殉葬品中有绿皮红瓤、白子黑丝的翡翠西瓜2个，估价500万两（1两=50g）白银；翡翠甜瓜4枚，白皮黄子粉瓤者2个，绿皮白子黄瓤者2个，估价值600万两白银；翡翠荷叶1件，叶满绿筋，如天然一般，重22.574两（约合700g）估价值285万两白银；翡翠白菜2颗，绿叶白心，在菜心上落着1只满绿的蝈蝈，绿叶旁有2只黄色马蜂，估价值1 000万两白银。

1978年在香港举行的中国工艺品展览会上，北京工艺大师王树森雕琢的一对火柴盒大小的“龙凤呈祥，福寿双全”玉佩，售价达180万元人民币。

苏富比1998年11月3日举办的“瑰丽翡翠首饰拍卖会”总成交额达2 895.2万港元，一串由33颗颜色浓艳均匀半透明的翡翠珠子（直径11.9~15.9mm）项链，从200万元起竞价，于508万港元成交，成为拍卖会最高成交价。另一件配有群镶钻石的翡翠怀古，绿色浓艳均匀，成交价也高达167万港元。

佳士得1998年11月2~4日的秋季拍卖会上，瑰丽珠宝及翡翠首饰的拍卖，一条由91颗翡翠珠子组成的项链以750万港元的高价成交，另一条翡翠珠链也以497万港元成交，一副老坑玻璃种的玉圈白金耳坠成交价也高达178万港元。

佳士得举办的珠宝拍卖会上单件成交价最高的翡翠是一串珠链，成交价高达3 300万港元，是1994年创下的纪录。

1997年苏富比举办的珠宝拍卖会上，一串名为“双彩”的翡翠项链竟以7 263万港元的价格成交，创单件翡翠最高价的世界纪录。

2000年以来，我国内地的珠宝界也认识到拍卖是翡翠精品销售的一种重要方式，各地都举办了翡翠拍卖交易活动。推出珠宝翡翠拍卖专场的拍卖公司有北京保利、北京华辰、中鸿信、博观（图1-13至图1-19）、广州嘉德等。其中北京保利春季拍卖专场的一件“翡翠珠链套装”以1 815万元成交，占据2006年珠宝翡翠成交价格的第2名，另一件“高翡翠链套装”也以242万元成交。

第六节　翡翠宝石学研究的任务和现状

翡翠作为珠宝市场重要的组成部分，具有极高的经济价值，加上翡翠的复杂性和还未完全揭露的神秘性，使得人们对翡翠的认识还不完善，尤其是从宝石学的角度对翡翠的研究还不够深入和全面，不利于翡翠商业的进一步扩展。

图1-13　翡翠手镯拍品春带彩手镯一对，绿色纯正，紫色艳丽，水豆地，估价120~140万元人民币（博观拍卖）

图1-15　翡翠弥勒佛拍品玻璃种翡翠，玲珑剔透，雕工精美，大小43mm×29mm×9mm，估价9.8~12万元人民币（博观拍卖）

图1-14　翡翠吊坠拍品，翡翠吊坠，翠色浓艳，质地上佳琢型饱满，大小27mm×22mm×9mm，估价280~320万元人民币（博观拍卖）

图1-16　阳绿翡翠珠链（引自博观拍卖露浓翠润瑰丽翡翠专场）

图1-17 翡翠怀古,直径30mm,厚10mm,翡翠壁,又称怀古,颜色浓绿均匀,种分极佳,水头十足,观之若清水一汪,清新雅致,又颇古风,估价36~45万元人民币(引自博观拍卖露浓翠润瑰丽翡翠专场)

图1-18 螭龙花件,大小53mm×34mm×13mm,螭龙花件,种分细腻,水长色浓,纯净无暇,琢两仿古螭龙,螭龙头小身长,尾分两叉,线条流畅,工艺细腻,两螭龙相互呼应,神态逼真,作品风格融汇古今,甚为难得,估价60~70万元人民币(引自博观拍卖露浓翠润瑰丽翡翠专场)

图1-19　翡翠耳钉，大小15mm×12mm×8mm，估价35~40万元人民币（引自博观拍卖露浓翠润瑰丽翡翠专场）

翡翠宝石学研究主要有下列几方面：

一、翡翠的成分和分类

近年来市场上翡翠新品种越来越多，通常使用发现地的地名或其他随意性较强的名称，容易引起误解。规范的名称必须以翡翠的成分为基础。据有关的研究[14]，翡翠的矿物组成不仅在种类上是多样化的，而且，同一种组成矿物的化学成分也有变化。依据翡翠矿物组成和矿物化学成分的分类方案[15,16]，正引起珠宝业界的关注，2008年香港特区政府委托香港宝石学协会讨论制定不同矿物成分的翡翠的名称，把翡翠分成硬玉质翡翠、绿辉石质翡翠和钠铬辉石质翡翠。

二、翡翠矿床资源

缅甸是翡翠最大的产出国，但由于缅甸政府对翡翠产区的控制并不完全，与当地的克钦族势力时常有武装冲突，加上长期不开放翡翠开采和商贸的政策，使得无法进行系统的翡翠矿产资源的调查工作。至今，有关缅甸矿床的地质资料，都是在19世纪末20世纪初收集的，因而对翡翠矿产资源的了解甚少，对缅甸翡翠矿床地质成因和找矿勘查的研究也不易深入。

三、翡翠颜色的成因和宏观描述

翡翠的颜色变化多，影响颜色变化的因素目前还不完全清楚，尤其是紫色、红紫色翡翠的颜色成因还有很多的争议。与商业更为密切的是如何对多变的翡翠颜色给予更确切的客观的描述，自20世纪90年代起，这个问题尤为引起世界的关注[17]，不断有新的研究出现[18,19]，现在，已有接近可以实用的技术问世，但还未能达到推广应用的目的。

四、翡翠品质的评价

目前，珠宝界缺少如同钻石4C分级体系一般的翡翠质量分级体系，对翡翠品质评价没有客观的、便于比较的标准。有人说，钻石之所以能够在珠宝市场上占到绝对的份额，其品质分级系统也起了非常重要的作用。虽然，业界内已有不少对翡翠品质评价理论、基本方法，如欧阳秋眉[20]、廖泱修[21]、郑永镇[22]、摩太[23]、丘志力[24]等提出的翡翠评价或分级观点和方法。但尚未形成共识和缺乏推广的技术手段。无疑，这一课题的研究仍然需要进一步的加强。

五、翡翠赌石的研究

赌石研究的内容包括两大方面：其一是寻找翡翠的规律性，发现外皮上的特征与内在质量的联系，其二是希望发明创造出一种技术方法，探测翡翠内在的质量。两个方面的研究都有过尝试，科学地寻找翡翠规律性方面，欧阳秋眉、袁奎荣[25]、陈志强[26]和张仁山[27]等，取得一定进展，欧阳秋眉的研究成果，全面和深入地总结了翡翠的一些规律。在技术方法方面，有强光照射、CT层析和地球化学方法等各种构想，但大多未能完成最后的研究。

六、翡翠鉴定的技术方法

鉴定技术是翡翠宝石学研究最重要和最紧迫的内容。由于翡翠的各种处理品、仿冒品及各种各样的作假手法，在利益的驱动之下，层出不穷，如果不能及时地找到合适的鉴定技术，就可能给翡翠市场造成混乱。20世纪80年代以来，各种精确的测试仪器，如红外光谱仪、拉曼光谱等被应用到翡翠鉴定上，随着市场和技术的发展，还会有其他的新鉴定技术不断出现。

七、合成翡翠的研究

合成翡翠的研究始于20世纪的中叶，尽管许多研究者花费了很大的努力[28]，但是，一直没有合成出真正的达到商业用途的宝石级翡翠。直到21世纪的2002年，美国通用电气公司（GE）合成出宝石级的翡翠，2005年达到可以商业化生产的程度，并且试图投入到市场，只是由于生产成本高，戒面大小的合成翡翠价格达500美元/ct，尚无法被市场接受。国内也有很多的研究人员试图合成宝石级的翡翠，但是，要达到具有商业化的程度，还需要进一步的努力。从目前获得的资料和样品，美国通用电气公司(GE)的宝石级合成翡翠，在红外光谱、阴极发光颜色和图样上具有较为明显的鉴别特征。

八、翡翠鉴定的任务

翡翠的鉴定面临许多问题，主要有三个方面：首先是仿冒翡翠的识别，即识别出各种外观上与翡翠相似的玉石或材料；其次是优化处理翡翠的识别，如染色的翡翠、漂白充胶的翡翠（即B货）等等，随着翡翠处理的工艺技术提高，鉴别也日益困难；第三是翡翠的品质分级和商业估价，这项工作在大陆专业的珠宝鉴定所还较少开展，但在香港已经较为普及。随着市场社会经济结构的变化，对翡翠品质分级和商业估价的要求也会日益增强。

参考文献：

[1] 张竹邦.翡翠探秘. 昆明：云南科技出版社，1993.
[2] P.C.凯勒.宝石及其成因.姚参林等译.北京：冶金工业出版社，1992.
[3] 马罗刚，蔡汉伦.翡翠溯源.中国宝石，1999(2).
[4] 马久喜.古玉.济南：山东科学技术出版社，1979.
[5] 董廷森.腾冲与翡翠.珠宝科技.1994(1)：4~8.
[6] 周经纶.玉石天命.台北：号角出版社，1989.
[7] 赵松龄等.宝玉石鉴赏指南.北京：东方出版社，1992.
[8] 英豪.翡翠鉴赏.西安：西北工业大学出版社，1993.
[9] 欧阳秋眉.玉的定义、命名及种质分类——第26届国际宝石学术会议论文摘要，97′全国宝石学年会会议资料(武汉)，1997.11.
[10] 吕世杰，谭立平.闪玉(软玉)的硬度.吴照明珠宝学刊，1995(21).
[11] 崔元文等.缅甸翡翠(辉石玉)分类.中国宝石，1998(3).
[12] 杨伯达.中国古代玉器史上的辉煌时代.中国宝石，1993(2)：77~83.
[13] 戴定南.中缅边境翡翠贸易采访记.中国宝石，1992(3)：7~12.
[14] 欧阳秋眉.翡翠的矿物组成.宝石和宝石学杂志，1999(1).
[15] 邹天人等.翡翠的单斜辉石类矿物研究.宝石和宝石学杂志，1999(1).
[16] 亓利剑等.翡翠中钠铬辉石后成合晶与成分变异环带机理.宝石和宝石学杂志，1999(1).
[17] 许如彭.翡翠颜色的定量描述.宝石和宝石学杂志，1999，1(2).
[18] 王蓉，袁心强.翡翠颜色色度学测量的可行性研究.宝石和宝石学杂志，2007，9(2).

[19] 许如彭.翡翠品质分级的定量方法——颜色和透明度.宝石和宝石学杂志,2007,9(2).
[20] 欧阳秋眉.翡翠鉴赏.香港:天地图书有限公司,1992.
[21] 廖泱修.翡翠的价质与评估技巧.珠宝界,1998(45):110~111.
[22] 郑永镇.硬玉分级.视界·珠宝文物,1998(8).
[23] 摩太.关于翡翠的评价问题.中国宝石,1998(1).
[24] 丘志力.珠宝市场估价.广州:广东人民出版社,2000.
[25] 袁奎荣等.翡翠的矿物成分与赌石预测.矿床地质,1996(增刊).
[26] 陈志强,袁奎荣.翡翠岩性论.桂林工学院学报,1996(1).
[27] 张仁山.翡钻珠宝.北京:地质出版社,1983.
[28] 丘志力,严若谷.翡翠合成改善技术及其产品鉴定的研究综述.见陈汴琨.中国人工宝石.北京:地质出版社,2008.

第二章　翡翠矿床

国际珠宝市场上可作为宝石的翡翠主要来自缅甸，危地马拉、日本、俄罗斯和哈萨克斯坦等也有翡翠出产。但是，这些产地与缅甸相比，产出的翡翠在产量和质量上都不具优势。除了达到宝石级的翡翠外，还有一些产地有硬玉岩或含硬玉的岩石产出，虽然不能当作宝石，但也具有了解硬玉形成的条件和翡翠矿床成因的科学意义。

第一节　缅甸翡翠矿床

近200年来，缅甸虽然一直是最主要的翡翠供应国，可是缅甸翡翠矿床的真实情况仍然隐藏在神秘的面纱之后，难见真面目。尤其是20世纪60年代以后，缅甸执行保守的社会政治，不许民间开采翡翠，加上翡翠产地活跃着克钦独立军的游击队，更使外人难以涉入到这一丛林密布的大山之中。直到1994年，缅甸政府与克钦独立军达成停火协议，1995年缅甸政府调整翡翠禁采的政策，允许民间开采，翡翠产地的消息和报道才有所增加。近来有了一些关于翡翠产地情况的报道，例如，R.C.Kammerling等（1994）[1]，R.W.Hughes等（1997）[2]，欧阳秋眉（1999）[3,4]和R.W.Hughes等（2000）[5]的报道，这些资料填补了以前的空白，尽管如此，科学的系统资料仍然不足。

一、缅甸翡翠矿床的地理位置和交通

到帕敢最好的一条路线是从孟拱向西北，有泥土公路与帕敢连接，过了横跨雾露河的龙肯桥[古称龙塘（图2-1）]就到了帕敢（图2-2），总里程约75km。

图2-1 跨越雾露河的龙肯桥

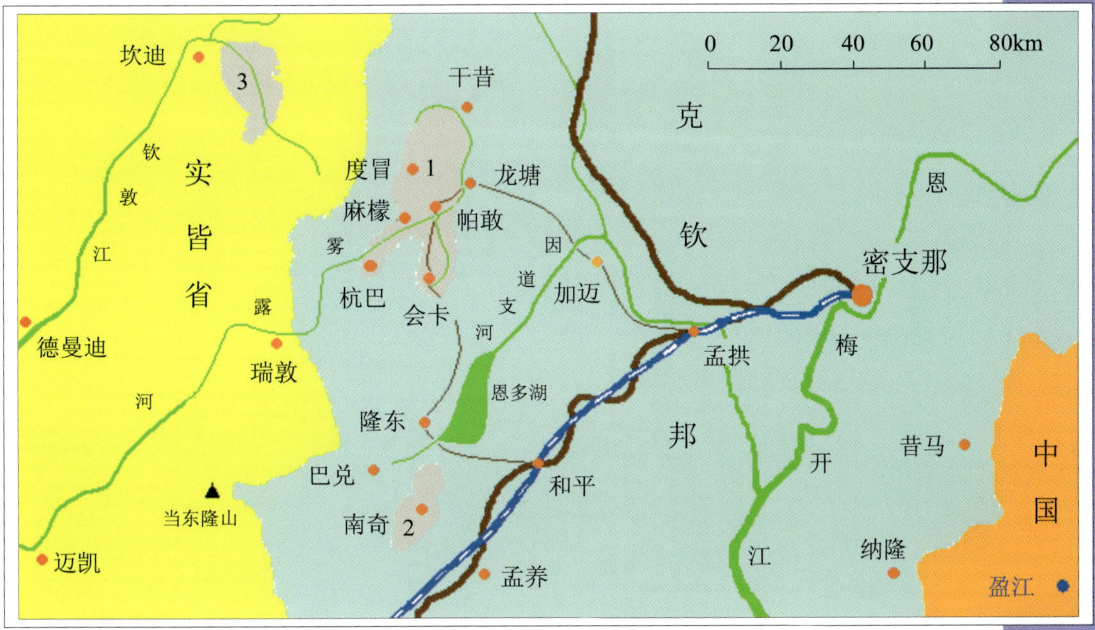

图2-2 缅甸北部翡翠矿区地理位置图

1.帕敢翡翠矿区；2.南奇矿区；3.后江矿区

图2-3 孟拱小镇路口

传统上，孟拱（又称莫冈）被当作缅甸翡翠产地的中心地带，实际上，孟拱与翡翠产地还有50km的直线距离。孟拱的交通比较方便，位于曼德勒至密支那铁路线上，距缅甸北部的重镇密支那市约50km，有柏油路面的公路相连。历史上，孟拱曾经是翡翠的大集市之一，但现在已无昔日的重要性，成为只是到帕敢需要经过的路旁小镇（图2-3）。对人们印象最深的是，在此转向西行，还能行车的破损柏油公路在此结束，以后的路途都是路面更为崎岖的土路了。翡翠集市迁移到交通更为方便的中心城市曼德勒（又称瓦城）。

位于翡翠产地心脏的帕敢也是翡翠的集市，但是不大。由于帕敢位于翡翠矿区的中心地带，现在已发展成以翡翠采矿为主的城市，深入到帕敢采购玉石的商人也越来越多，城市的设施也较为齐全，形成从龙塘（龙肯）到帕敢的十里长街，沿街有很多各种各样的小商店，包括出售品种齐全的开采器械的商店，被称为“小香港”（图2-4、图2-5）。

图2-4 沿雾露河直抵帕敢的十里长街

图2-5 帕敢俯瞰

另一条到帕敢的路线是从铁路线上的小镇和平向西绕过思多湖（又称因道支湖）经会卡到帕敢，全程的泥土公路约85km。泥土公路在每年的雨季期期间（5~10月）泥泞不堪，难以通行，也使矿区与世隔绝。即使在气候适宜的旱季，无论走哪一条路线都需要驱车10个小时以上。

缅甸翡翠矿床从北到南可分为三个矿带：最西北边为后江-雷打矿带，出产的翡翠不多，质量好，帝王级绿色翡翠所占的比例大，但产出的翡翠砾石一般都较小，多在1kg以下；中间是以帕敢为中心的主矿带，该矿带北达干昔南至会卡，长约35km，西至度冒东界龙塘，东西宽约15km，区内的厂口星罗棋布，既有次生矿又有原生矿床，是最重要的翡翠产区；最南部的矿区与主矿区不相连，称为南奇矿区，位于铁路线的西北侧，靠近孟养（莫宁），称为孟养南奇矿区，该矿区虽然交通方便，但面积小，翡翠产量也比较小，不是主要的矿区。

二、矿床的区域地质背景

缅甸的翡翠矿床是在低温高压区域变质作用下形成的。根据地壳的板块构造理论，当洋底滑入大陆边缘，洋底表层的冷的岩石被挤压推回地面时，接触带上的岩石要经受巨大的压力，岩石在压力下发生高压重结晶作用，形成蓝闪石片岩，或者蓝闪石-硬玉片岩。这些岩石一般局限在洋底板块俯冲作用和逆冲作用强烈的板块缝合线附近（图2-6）。

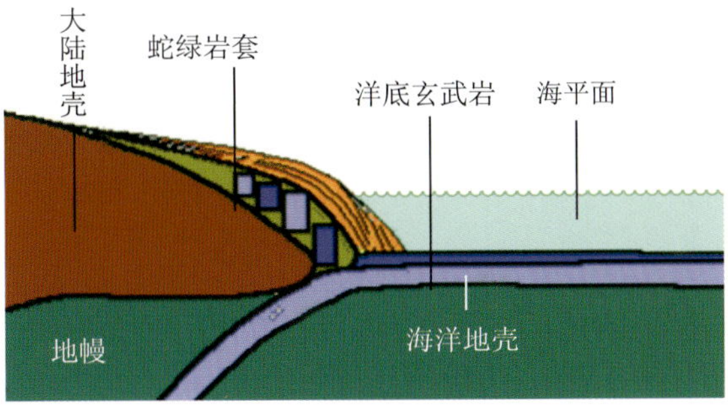

图2-6 低温高压变质带的形成

根据对亚洲区域地质构造的研究，在青藏高原、缅北及云南横断山脉地区发生过洋底板块的俯冲（不同板块的碰撞和缝合）。大约3 500万年以前（相当于第三纪），印度板块沿东北

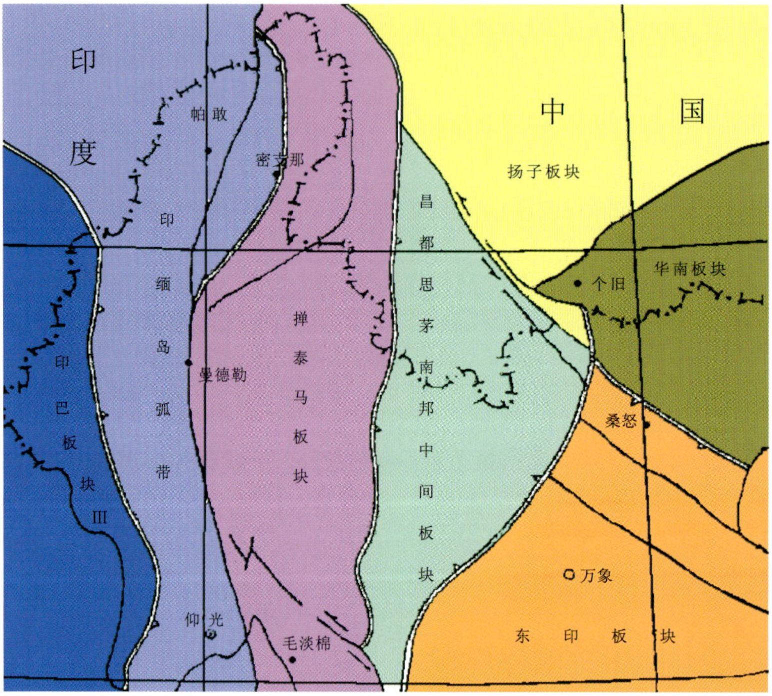

图2-7 缅甸北部构造地质示意图

向与欧亚板块相撞，并俯冲到欧亚板块之下，造成青藏地区的隆起成高原，并在云南及缅甸北部地区，形成一条弧形的缝合线（即雅鲁藏布江缝合线，图2-7）。强烈的地质构造活动，不仅使整个地区形成巨型山脉，而且造成很多的深断裂及沿断裂带侵入的大量超基性岩。

缅甸北部翡翠矿区位于两个板块的碰撞缝合线附近，根据构造地质学的研究，缝合线沿北端的葡萄至密支那，又沿伊洛瓦底江呈南北走向。

三、矿区的地质概况

缝合线的东侧是高黎贡山–抹谷变质带，是一高温低压变质带，形成抹谷红宝石等矿床；其西侧是低温高压变质带，分布有大片的蓝闪石片岩带，翡翠矿床即分布在这一变质带中。由于缅甸政府出于对宝石资源保护，对发现的矿床采取边采边探，不进行正规的普查勘探工作，长期禁止私人开采等措施[5]，控制了宝石资源过量开采。同时这些措施也导致矿床地质资料的贫乏。现在所能见到的较为系统的矿区地质资料都还是19世纪末和20世纪早期的资料（如Noetling，1893；Bayer，1895；Bleek，1908；Lacrotie，1930；等）。最有价值、最详细的地质填图和调查工作是H.L.Chhibber（1934）完成的，1968年U.Soe-Win 应用Chhibber的矿床地质资料进行翡翠的开采，同时也补充了新发现[6]。

根据这些资料，矿区内出露的可确定时代的最早的岩石是石炭–二叠纪的灰岩，并构成岩基，在受到花岗岩侵入时发生重结晶，形成大理岩，有些地区的灰岩发生硅化蚀变作用，灰岩中的碳酸钙受到二氧化硅的交代。结晶片岩，包括绿泥石片岩、阳起石片岩、蓝晶石片岩、蓝闪石片岩等，在矿区及更大的范围内成为一个南北向展布的岩带，其中侵入有晚白垩世的蛇纹石化橄榄岩。原生的翡翠矿体就产于蛇纹石化的橄榄岩中（图2-8）。矿区外围分布有大面积的第三纪花岗岩和相关的火山岩，如玄武岩、安山岩和集块岩等。Chhibber（1934）

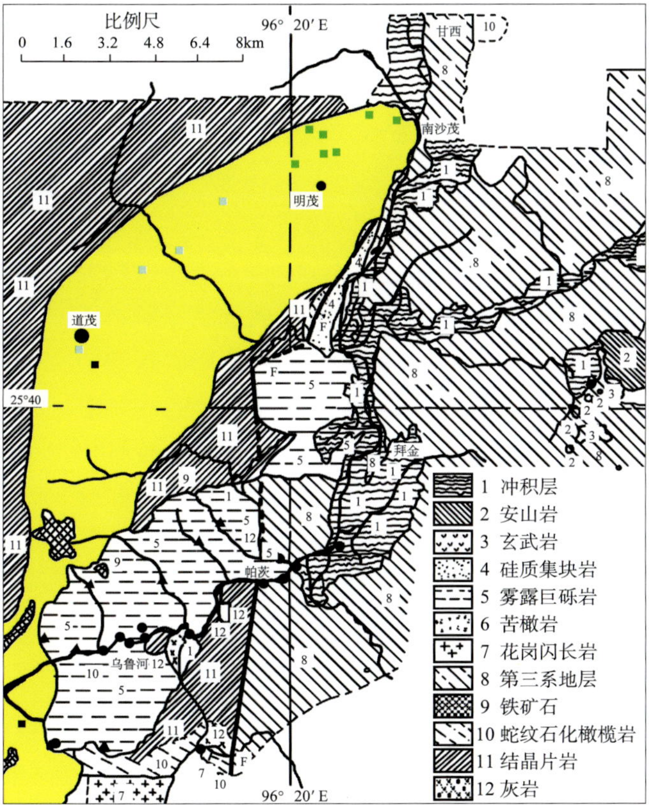

图2-8 缅甸帕敢翡翠矿区地质图及原生矿分布
原生矿分布于蛇纹石化橄榄岩（图中黄色区域）中

认为花岗岩分布如此广泛，以至于可以看作是岩基，其形成时间稍晚于第三纪的橄榄岩。

矿区内第三系的沉积岩以陆相沉积岩为主。较早的是渐新世-中新世形成的砂岩，其中有互层状的页岩和碳质岩。较晚的是第三系中新世-上新世形成的极厚的砂岩、页岩和砾岩。在第三系的沉积岩中还见有晚第三纪的侵入岩，如辉长岩、花岗闪长岩和石英闪长岩的露头。

含有翡翠巨砾的雾露巨砾岩是最具有经济意义的岩石单元，主要分布在龙塘到帕敢的雾露河的西北岸和会卡，范围不大，最大厚度超过300m。砾岩中砾石的大小差别很大，大的可达数吨，小的如米粒，分选性差，砾石的磨圆度也不一致，雾露巨砾岩的岩性和分布特征都体现了山间盆地冲-洪积成因。

矿区内的翡翠矿床有原生矿床、雾露巨砾岩矿床、残坡积矿床和现代河流冲积矿床4种类型。现代河流冲积物翡翠次生矿床，主要分布在雾露河及其上游支流的河床及其沉积物中。

四、翡翠原生矿床的地质特征

翡翠的原生矿床发现于1877年，在当地称为新厂，矿体成脉状分布在第三纪的蛇纹石化橄榄岩中，位于地处高山的度冒-缅冒一带，翡翠矿脉甚至可追索到矿区的最北端的磨西西。含矿橄榄岩体又称度冒岩体，其成北东走向，南北长约50km，宽约6.5km，侵入于结晶片岩之中，岩体已蛇纹石化或部分蛇纹石化，翡翠矿脉长度不等，据Chhibber（1934）[6]的报道，4条矿脉矿平行或近于平行产出，延伸全长约6.4km，其中度冒矿脉北东走向长300m，缅冒矿脉南北走向约2 500m，帕冒矿脉北西走向长1 500m，南沙冒矿脉可能是帕冒矿脉的延伸，长约2 000m。翡翠矿脉的延伸方向与度冒岩体中剪裂带的方向一致。

1.翡翠矿体的分带特征

根据邓燕华（1991）[7]引用R·韦帕斯特（1962）的资料，翡翠矿体具有对称的条带状构造，条带由硬玉岩、钠长岩与角闪石岩组成。矿体的中心部分由单矿物的硬玉岩组成，朝脉壁方向渐变为钠长石-硬玉岩和钠长岩。在

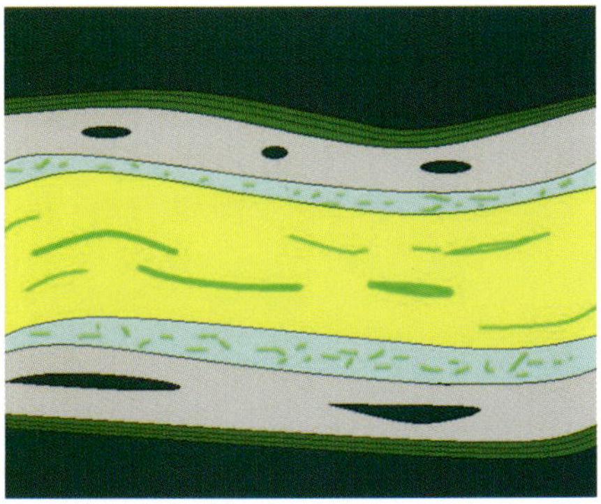

图2-9 翡翠矿脉的分带构造示意图
从外到内为：蛇纹岩、绿泥石片岩、角闪石片岩、钠长岩、钠长石硬玉岩、硬玉岩（翡翠）

图2-10 翡翠与钠长石的分带构造

过渡带内，翡翠颗粒都包有一层碎裂的钠长石集合体。钠长石带的两侧又各有一个碱性角闪石带。在碱性角闪石与蛇纹石化橄榄岩的接触带被厚度不大的一层绿泥石壳所替代（图2-9、图2-10）。硬玉岩带的厚度不定，从几十厘米至几米，主要由白色、淡紫色或淡灰绿色的硬玉组成，其中可分布有不规则团块状和脉状的绿色。

钠长石–硬玉过渡岩和钠长石岩带中除了这两种矿物之外，局部还可以富集角闪石等暗色矿物。

矿体最外侧黑色的碱性角闪石岩带中，有时可发现角砾状、团块状和小脉状的翠绿色翡翠，但是有些矿脉没有暗色的角闪石岩带。新近的报道也很少提到矿脉分带的特征，说明翡翠矿脉的这种分带模式可能不是普遍的，随着矿体的成矿条件发生变化，形成新的分带类型。

2.纳莫翡翠原生矿床的特征

纳莫翡翠原生矿体是有一定代表性的翡翠原生矿脉，位于帕敢市西南侧约8km，于2000年12月发现，矿体赋存于蛇纹石化纯橄榄岩中，为一浑圆透镜状。这一翡翠矿体已由红宝龙公司探明，围绕翡翠矿体的四周均支有坑道（图2-11、图

图2-11 纳莫翡翠原生矿床坑道入口

2-12)，保留了完整的矿体，设立为旅游景点。由于它是目前保留下来的最大的最完整的翡翠矿体，对研究翡翠的成因有一定的意义。

图2-12 纳莫翡翠原生矿床坑道

矿体入口的坑道附近出露有少量的蓝闪石绿帘石片岩，其特征是：主要矿物为绿帘石、蓝闪石及绿泥石，有少量的榍石、白云母及钠长石。粒状片状变晶结构，片状构造，易剥落成片。

图2-13 围岩——蛇纹石化橄榄岩

蛇纹石化橄榄岩侵入在片岩中，并基本沿片岩的片理方向侵入，其产状为：倾向SE130°，倾角30°～40°。翡翠矿脉呈透镜状产于蛇纹石化橄榄岩中(图2-13、图2-14)，总体产状和橄榄岩基本一致，倾向SE135°，倾角34°～40°，走向长25m，延伸了12m，平均厚度3.5m，整个矿脉估算重量达3 000t。

翡翠矿脉主体呈白色，粒度较粗(图2-15)，但局部有紫罗兰色。矿体的中心部位为白色中–粗粒的硬玉，向

图2-14 围岩中小翡翠脉露头

图2-15 翡翠原生矿体

图2-16 翡翠矿脉与围岩的接触

边部颗粒变细，脉体中可见明显后期形成的淡绿色翡翠细脉，穿插在白色的翡翠脉中。

矿脉中心向外，岩性从沸石化中–粗粒硬玉岩变化到局部强烈沸石化细粒硬玉岩，以及局部的沸石岩。

翡翠矿脉与围岩界线清楚，边部岩石明显受后期构造挤压，形成绿泥石剪切带，断面有蜡状光泽，主要成分为滑石（暂定），蛇纹石少量，质较软，鳞片变晶结构，是挤压带的产物。挤压带中还有角砾状的硬玉存在。由于构造作用，接触带上见有形成白色翡翠的角砾和轻微的断裂。白色的翡翠在与围岩接触的边缘处常常出现浸染状的淡绿色，穿插在围岩中的翡翠细脉的两侧也常有淡绿色（图2-16）。

纳莫翡翠矿体与以往报道的最大差异是，矿体没有明显的分带性，特别是没有通常常见的钠长石带，取而代之的是沸石化，并出现沸石团块或者以沸石为主的矿物组合带。有些穿插在围岩中的小脉是由一种很少见的矿物——铝硅钡石组成的单矿物脉体。

3.原生矿床的分带特征

缅甸帕敢地区翡翠原生矿床在空间分布上具有明显的分带特征。度冒蛇纹岩岩体北部的原生矿产出绿色较多的翡翠原石，如铁龙生种翡翠（一种由绿色硬玉组成的满绿翡翠），含钠铬辉石的钠长石玉（又称为磨西西的钠长石玉）。度冒蛇纹岩岩体中部的原生矿中绿色翡翠变少，绿色翡翠成小脉状分布在矿体中。度冒蛇纹岩岩体的南部，原生矿种的绿色翡翠进一步减少，产出几乎没有绿色的矿体，如八三坑口、纳莫坑口产出八三种翡翠（一种灰白色的翡翠）。

不同地理位置原生矿体的矿物组成也具有分带性，北部原生矿体中钠长石较多，甚至出现以钠长石为主要矿物成分的组合，如磨西西。中部的翡翠原生矿体外沿常常具有钠长石带。南部的原生矿体则缺乏钠长石组分，并被沸石所代替，甚至出现矿体外沿的沸石带。

对于翡翠原生矿体的分带性具有不同的成因解释。矿区的地貌特征是北部地势高，南部地势低，两地高差相差约200m，南部的剥蚀程度高于北部。因而，一种推断认为，由于南部蛇纹岩岩体的剥蚀程度大，原来产于岩体上部的含有绿色翡翠的矿体遭到了剥蚀，现在只剩下没有绿色翡翠的部分。但是，至少从理论上说，翡翠原生矿床分带性与地貌之间的关系还存在其他的可能性。

图2-17 缅甸帕敢翡翠原生矿床的分带模式

度冒蛇纹岩的北部海拔较高，产出有铁龙生、钠铬辉石干青、磨西西等绿色玉石；南部目前只产出白色的玉石，预测深部有绿色的玉石。

另一种推断认为，矿床的分带与现在地貌的高低没有必然的联系，南部也许还有更多绿色的翡翠原生矿脉，只是还在地表以下的更深处。理由有：

（1）造山运动的抬升作用不一定是水平，北部可以相对抬升的较多，现在的地貌特点不能说明矿体经受剥蚀的程度。

（2）含Cr的硬玉形成时间晚于白色翡翠，所以绿色翡翠多的矿脉段不应是翡翠矿床的前锋，或者靠近地表的矿段，现在出露地表是由于受到更强烈的剥蚀造成的。

（3）沸石是含水的矿物，钠长石是不含水的矿物，含水矿物作为矿脉的前锋组成矿物更为合理，所以，度冒蛇纹岩南部的纳莫翡翠矿体的形成深度应该相对于北部的更浅。

所以，如果以图2-17的翡翠矿床的分带模式推断，在度冒蛇纹岩南部的深处可能还有绿色的翡翠矿体。

原生矿床自1877年发现至今已开采了100多年，产出了所有颜色的翡翠品种，至今仍然很有活力。度冒矿区历史最为悠久，除了传统的矿坑外，新发现了许多新的矿脉，例如，1986年国家缅甸宝石公司发现的马萨厂，以及上面较详细介绍的纳莫原生矿，并且从新发现的矿脉中开采出新的翡翠品种，如“八三花青种”、“铁龙生”等，这种情况随着对翡翠资源更为广泛的探采还会继续下去。

五、次生翡翠矿床的地质特征

缅甸的次生翡翠矿床又可细分成三种类型：含翡翠巨砾岩矿床、现代河流冲积矿床和残坡积矿床。

1.含翡翠巨砾岩矿床

雾露巨砾岩中的翡翠砾石是最为重要的开采对象之一，开采的规模也很大。整个帕敢矿区大大小小的厂口都分布在含矿的雾露巨砾岩的分布区内。砾岩的厚度可达300m。从剖面上看，砾岩上覆在基岩上，砾岩上又有一层卵石和砂砾层，最顶部为冲积层。砾岩的主要成分是结晶片岩砾石、蛇纹岩砾石、石英岩砾石、大理岩砾石等。砾岩的分选性差，其中所含的翡翠砾石的大小区别很大，直径从几个厘米到几米的都有。砾岩靠近地表呈黄色，中间呈红色，最下呈黑色，上部的砾岩也已呈半风化状态，胶结物是红土和砂粒，胶结不牢，开采较为容易。砾岩的下部未受明显的风化，胶结较为紧密，胶结物是黑色到墨绿色的粘土质和砂粒，其中有翡翠砾石相对富集的层位，通常认为砾岩最下部靠近基岩位置含翡翠砾石较为丰富(图2-18)。含翡翠砾岩既是最直接的开采

图2-18　含翡翠砾岩的剖面

开采深度已经达到120m的老帕敢翡翠矿坑，上部呈黄色，中部呈褐红色，下部呈黑灰色的砾岩。尚未开采到下伏的基岩。

对象，又是残坡积矿（草皮矿）和冲积矿的矿源。

由于最易开采的残坡积矿和冲积矿经过一百多年的开采，已经面临枯竭，相对容易开采的含翡翠砾岩成为现在最主要的次生矿床类型(图2-19)。其情形如周经纶先生(1995)所述“老帕敢沿河湾平地处，原先挖采玉石，是砂子石脚(即砂石层)；较上层者产出山石玉，有砂发(即风化外皮)；低凹深层处，已为河边浸水所泡者，出产水石玉；稍向山坡者是布丁砾岩(即含翡翠砾石的晚第三纪或早第四纪的雾露巨砾岩)属之‘黑石脚’与‘红石脚’(即呈黑色的和红色的翡翠砾石富集层)，这两种石脚比较坚韧，紧密，如‘三合土’状。砾岩虽已糟坏，但仍然存有黏力、韧力，铁杆不易夺开撬裂，铁杆用力夺下时，只成一个不深的洞穴，并不能将砾岩震裂。……开采非常费力，进度很慢。……砾岩中产出的玉石比较密，玉石的成色率又很高，市价格外看好，……各家(在砾岩中开采)的老帕敢洞子是连年继承开采，不易主人的。”

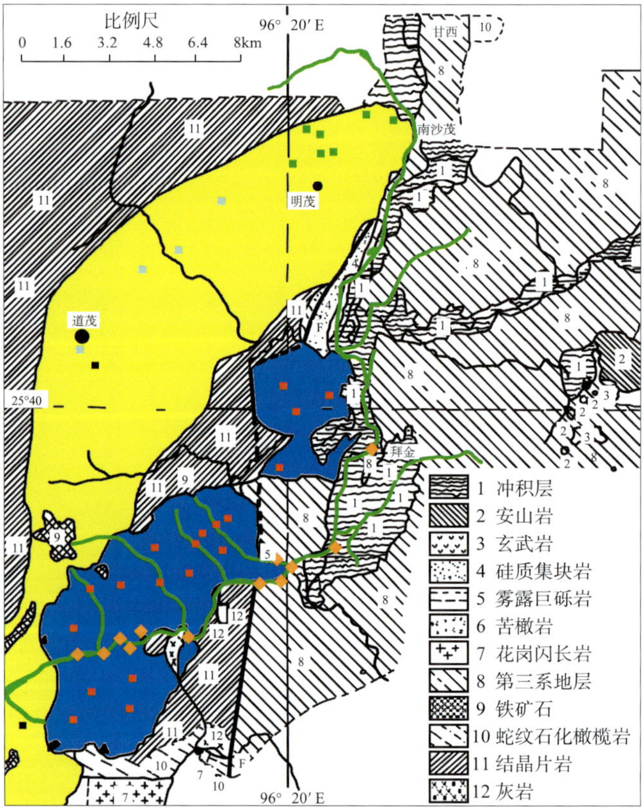

图2-19 缅甸帕敢翡翠矿区地质图及次生矿分布
次生矿主要分布在雾露区砾岩分布区(图中蓝色的区域)

从20世纪90年代末开始，缅甸政府对翡翠的开采，采取了更为开放的政策，允许民间开采，但必须租赁矿产开采权，翡翠开采区以200m×200m为单位租赁，租赁期三年，租赁费大约是200万元人民币。

图2-20 曾经汇集众多人力的老帕敢

（1）帕敢矿区砾岩型翡翠矿床

最具有代表性的雾露巨砾岩类型翡翠矿床是位于帕敢附近的Sate Mu、Maosisa和Hpakangyi（老帕敢）。在Maosisa，开采砾岩中的翡翠首先要挖掉砾岩上的沉积层，其厚度不一，其中也含有翡翠，以前每个矿主只能拥有5m宽的采面，沿着山脚向山里挖。

在老帕敢矿山（Hpakangyi）曾经汇集万人挖玉（图2-20），从上百米深的矿坑挖出土和砾石，装上卡车运到河边倾倒，然后在倾倒土石形成的石坝的表面上查找混在土石中一起从卡车上倒出的翡翠砾石[4]。

现在，矿山已采用机械化开采，工艺流程是先用风钻打出炮眼，用炸药炸松砾岩，然后用大铲车把炸松的砾岩装上大型的自卸卡车运出采坑倒在木排上进行分选（图2-21至图2-23）。

图2-21 老帕敢翡翠矿山开采景观

图2-22 分选翡翠砾岩的木排

图2-23 老帕敢矿山开采出的翡翠毛料

由于现在开采的深度已经达到120多米，翡翠砾石主要采自砾岩较深部受风化作用较浅的黑色层，现在老帕敢矿山产出的翡翠毛料与以前的已有较大的区别，其特点是外皮较薄且紧密，常呈灰褐、灰黑等各种颜色，有些翡翠砾石还具有黑色的蜡状皮（参见第七章相关部分）。

马沙磨翡翠坑口也是典型的砾岩型翡翠次生矿山，位于帕敢镇的北边约3km，海拔高于老帕敢矿山，开采的规模没有老帕敢矿山大，采用人力开采为主，没有使用大型的矿山机械。

矿山的剖面比老帕敢的更为完整，最上面是褐红色土壤层，下伏的是呈黄色的风化强烈的黄色层，该层中的砾石也遭受强烈风化，具有较厚的风化皮。中部是呈褐红色的红色层，该层的风化作用相对较弱，下部为呈黑灰色的黑色层（图2-24）。黑色层有很多的地下水，矿工为了放置炸药，需要把水舀干（图2-25）。由此可以看出，三种颜色不同的层与风化作用的程度

图2-24 马沙磨含翡翠砾岩剖面

图2-25 马沙磨含翡翠砾岩中的采矿坑口

有关，黑色层是在当地潜水面以下的砾岩，红层与黑层的界线即为潜水面的水位线。地下水中氧气较少，使得这些岩石遭受的氧化风化作用较弱，同时，较为还原的环境形成了含有较多Fe^{2+}为主的各种化合物，造成黑灰色的颜色。红层顶部与黄层之间的界线是缅甸雨季的地下水水位线，红层在雨季期间被地下水浸泡，旱季则暴露在空气中。黄色层无论是雨季或者旱季都是暴露在空气中，遭受的风化作用最强烈，并形成与地表土壤层类似，以Fe^{3+}为主的各种化合物。

（2）会卡矿区的砾岩型翡翠矿床

会卡矿区也在开采砾岩类型翡翠矿床，会卡位于帕敢矿区南端，与帕敢相距约20km，大约是一天的路程。据早期的地质资料，含矿岩层是挤压成褶皱的砂岩和砾岩，最上部是灰色砂岩，砂岩之下是含有煤层的蓝灰色砂岩，再下层为含砾砂岩，含翡翠的巨砾岩层在这些岩层之下，厚度15m以上，巨砾岩中的漂砾除翡翠砾石外，还有石英岩、角闪岩、辉石岩、叶蛇纹石岩、白云母片岩等砾石，胶结物为灰绿色的粘土和砂岩。与雾露巨砾岩的岩性有所区别。从煤层中的植物化石特点，似乎属于新第三纪中新世的产物（邓燕华，1991）[7]。但是，由于现在开采的砾岩已达到较深的位置，根据现场的观察，会卡含翡翠砾岩的剖面、砾石成分、分选特点、胶结物和构造特点都和帕敢黑色层的含翡翠砾岩一样（图2-26、图2-27），因此，以前把帕敢的含翡翠的雾露巨砾岩与会

图2-26 会卡磨沙坪含翡翠剖面

图2-27 会卡磨沙坪含翡翠砾岩

卡的砾岩划分为不同时代岩层的分类值得重新考虑。

会卡矿区翡翠砾石的特点是磨圆较好，外皮较薄，呈黄、灰、黑、淡绿等各种颜色，有的翡翠砾石有蜡状皮。翡翠砾石的大小差异也很大，小的不足1kg，大者重达几千公斤，现在有大小厂口十多个，也是重要的翡翠产区。

（3）后江矿区的砾岩型翡翠矿床

矿区最北端的后江厂区（又称坎迪矿区），有后江厂口和雷打厂等砾岩型次生翡翠矿床。后江矿区含翡翠的砾岩层与帕敢和会卡不同，是一层陡倾（倾角为北东60°~90°）的第三纪蛇纹岩砾石层，砾岩层的南北两端被第三纪的砂岩覆盖，翡翠砾石富集在第三纪蛇纹岩砾石层的几个薄层中。十多个厂口沿着一个南东向展布的长约2km的山脊分布，翡翠开采要挖出大量的废石[4]。

与其他的矿区相比，后江矿区翡翠的质量最好，帝王级绿色翡翠所占的比例大，其次为商业级的翡翠，一般的“砖头”料则较少。后江厂区的另一个特点是，产出的翡翠砾石一般都较小，多在1kg以下。雷打厂采出的翡翠裂纹多，即使满绿也不能做高档首饰。

（2）现代河流冲积物矿床

含翡翠砾石的雾露巨砾岩受地表风化作用和河流冲刷后，为现代河床冲积砂矿提供了矿源。这一类型的矿床主要分布在从龙塘到麻蒙的雾露河下游约30km长的河段，龙塘上游和麻蒙下游的河床中很少有翡翠，但在河流两侧尤其是西侧和北侧，发源于度冒岩体高原并流过雾露巨砾岩分布区汇入雾露河的所有支流中也都有翡翠砾石。这些河流冲积物矿床是最早开采的“老厂”。翡翠砾石与其他的砾石堆积在一起构成冲积物的底砾层，覆盖在基岩上，而基岩常常就是含翡翠砾石的雾露巨砾岩（也称为布丁砾岩），底砾石层越厚，含翡翠砾石的可能性越大，是好“洞子”。由于受水流的浸蚀，这种底砾石层中的翡翠砾石的风化皮比较薄，颜色的变化较大。河床冲积物矿床的开采多在12月到次年5月的旱季间进行，采用建筑水坝的方法截断河床，把河水抽干进行挖掘。雨季期间则潜水到河底探捞。

帕敢矿区开采河流冲积砂矿的历史最为悠久，产出过大量的翡翠，也不乏有高品质的翡翠。已知最大的翡翠巨砾（重22t），就是于1979年在距龙塘6km的雾露河岸发现的，1981年正式在该地开采，1982年采出了大量的翡翠，而称为82洞。

现在，现代河流冲积物中翡翠的开采活动已经较少，除了老帕敢矿山还采用坑道的方法进行小规模的日常开采外，只有在雨季期间，潜水到河底探找的零星开采。

（3）残坡积矿床

残坡积矿床主要见于含翡翠砾岩的分布区内，往往是表层含翡翠砾石的砂土层、卵石层，其下的基岩就是雾露砾石层。度冒含矿蛇纹岩内并没有残坡积矿床的报道。在当地典型的残坡积矿床称为草皮矿，意为挖掉地表草皮就可以在沙土中找到翡翠砾石。最典型的矿床是当秀厂口。在“跟溪的石脚”挖完之后，便在山坡上挖洞子，废土弃石往坡下倾倒，开采出的翡翠全是所谓的“山石”，即带有很厚风化皮的翡翠砾石，再往下挖，就是含翡翠的砾岩层（周经纶，1987）[8]，残坡矿即过渡为砾岩型次生翡翠矿床。

六、小结

缅甸的翡翠矿床可分成原生矿床和次生矿床两大类型。原生矿床局限在度冒蛇纹石化橄榄岩中，次生矿床则受第三纪晚期（或第四纪早期）的雾露巨砾岩的控制，不同矿区含翡翠巨砾岩的特点也有不同，产出的翡翠原石也有区别。

巨砾岩不是一般意义上的河床冲积沉积物和河床阶地，称之为阶地沉积矿床是不正确的。含翡翠巨砾岩是由第三纪晚期强烈的构造活动造成的山间断陷盆地及其中的陆相沉积作用形成的，其中最主要的是洪积作用。这些含翡翠的砾岩形成后，经过抬升形成丘陵地貌，为残坡积型和现代河流冲积物型矿床提供了成矿物质。因此，这三种类型的次生矿床又会混合在一起，在同一采区既有残坡积的、河流冲积的，又有砾岩型的翡翠砾石被开采出。缅甸翡翠次生矿床的形成过程概括在图2-28及其文字说明中。

附帕敢镇区翡翠矿点分布图（图2-29）

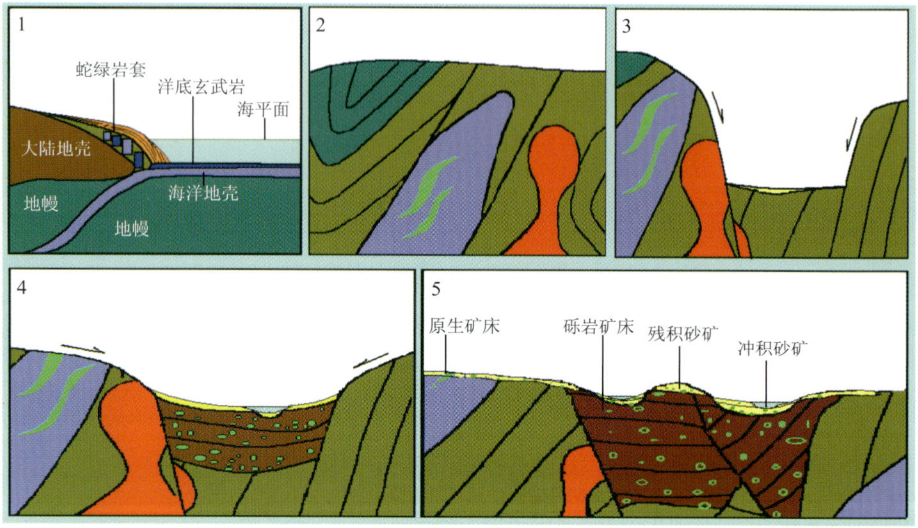

图2-28 缅甸翡翠次生矿床的成矿模式

1.缅甸北部位于板块构造的活动边缘，洋底玄武岩等被挤压形成蛇绿岩套和高压低温变质带；2.高压低温变质作用下，在蛇纹岩中形成翡翠矿脉，并抬升为高山地形；3.抬升作用造成第三纪的断陷盆地，产生了地形的强烈落差，断陷盆地周围的岩石经风化剥蚀在盆地中沉积；4.断陷盆地逐渐被填平，形成各种砾岩层，有些层位富集了翡翠砾石，即所谓的第三纪雾露巨砾岩；5.随着构造抬升作用的停止，准平原状态的古地表又被风化剥蚀成丘陵，含翡翠砾石雾露巨砾岩的出露地表形成砾岩型矿床，河床中的翡翠砾石形成冲积矿床，残坡积层中的翡翠砾石形成草皮矿，蛇纹岩中的矿脉形成原生矿床。

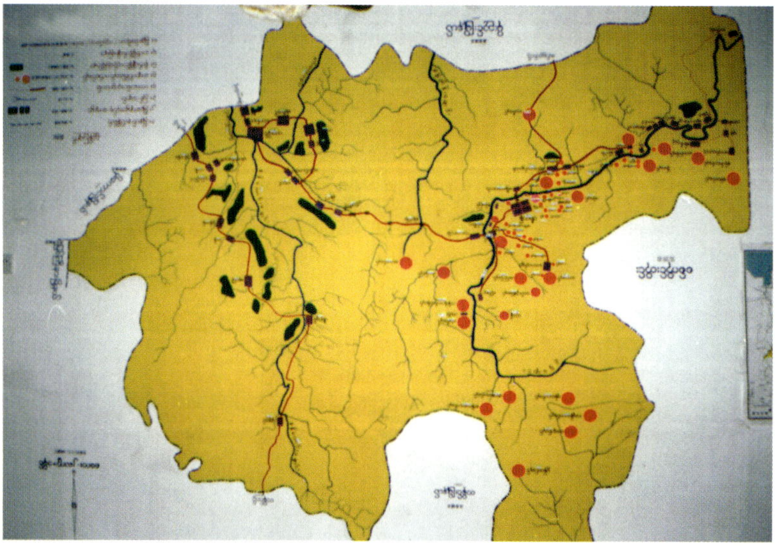

图2-29 帕敢镇区翡翠矿点分布图(据缅甸国家宝石公司)

第二节　危地马拉的翡翠及其矿床

危地马拉是另一个具有商业性的出产翡翠的产地[9, 10]。危地马拉位于中美洲，具有神秘的玛雅文化等史前文明。在玛雅文化的出土文物中，发现有大量扁圆形的翡翠制品。在西班牙人统治之前，墨西哥阿兹特克人把它看成比黄金更加昂贵的圣物。但在西班牙，殖民者只关心黄金，不看重翡翠。由于负责守护翡翠矿山的阿兹特人严守秘密，几代人之后，中美洲的翡翠开采不仅陷于停顿和消亡，而且产地的位置也再无人知晓。直到1955年 Leslie 和 Foshay 在危地马拉 El Progreso 地区Manzanal小镇附近的Motogua河流中发现翡翠砾石的碎块；McBirney（1963）[11] 在河流上游70km的地方发现翡翠的砾石；1967年又在离Manzanal镇的高速公路入口处100m的地方找到翡翠砾石冲积层，其中翡翠砾石的大小和特征，显示原生的翡翠矿体应在附近。在这些发现的鼓舞和提示之下，考古专家M.L.Ridinger 结合她的专长——对玛雅文化的了解和考古知识，判断玛雅人的翡翠即来源于危地马拉。1974年，经过几个月的艰苦探险之后，终于在Manzanal小镇以东10km的Motogua 河谷的深处，人迹罕见之地，发现了翡翠原生矿体（图2-30），

图2-30 Manzanal 小镇的地理位置

并在附近发现开采翡翠用的一些原始工具。这一发现同时也证明了危地马拉的翡翠就是古代(3 000年以前)的奥尔门克人(Olmec)和玛雅人(Maya)所开采和使用的翡翠。

一、危地马拉翡翠矿床的地质概况

危地马拉的翡翠矿床分布在El Progreso的Manzanal小镇附近，产于Motogua河深大断裂的中生代蛇纹岩之中，Motogua河深大断裂是一条近于东西向的断裂带。断裂带除有巨大的超基性岩体之外，还广泛分布着蓝闪石-硬柱石、绿辉石-石榴石、榴辉岩和角闪石岩，硬柱石-白云母片麻岩，阳起石片岩等变质岩。含翡翠的蛇纹岩受到明显的动力变质作用，发生强烈的片理化，产于其中的翡翠矿脉成透镜体状并与钠长岩伴生，最厚处2~3m，两侧还伴有可达6~7m厚的以钠长岩为主的岩石。翡翠矿脉具有不均一粒状结构和极细粒结构，并且可以逐渐过渡为硬玉-钠长石岩。

在Motogua河流的冲积层中以及河床阶地中也有翡翠砾石的富集层，翡翠砾石的直径可达1m。砾石层中除翡翠砾石外，还有角闪岩、片麻岩、阳起石片岩、钠长岩、阳起石片岩、含白云母钠长石岩，含白云母石英岩和含白云母石英钠长岩等砾石。

危地马拉翡翠的开采主要集中在由M.L.Ridinger发现的几个矿山。1974年最早发现的翡翠矿体(原生和次生矿)分布在面积达4 000英亩(约14万m^2)的范围内，出产各种色调的绿色、黑色和白色的翡翠。第二个矿山是1987年发现的，产出另外一种称为“银河黄金玉(Galactic Gold)”的黑色品种，同时也发现了几千年前Olmec用过的一种墨绿色的翡翠品种，称为“Olmec Blue”，但非常少见。1998年又发现了淡紫色的翡翠新品种。

二、危地马拉翡翠的结构和成分特点

危地马拉翡翠的矿物组成具有特色，与缅甸的翡翠往往仅由单一的矿物集合体组成的情况不同，危地马拉翡翠常常是多种组成矿物成分的集合体。据A. McBirney (1967) 的研究，苹果绿色危地马拉翡翠的主要矿物成分是硬玉和钠长石。硬玉一般占50%，钠长石、白云母和钠沸石占20%，此外还含有极少量的金红石、黝帘石和石英，但是不同砾石的硬玉的含量不同，硬玉的含量为5%~85%，钠长石的含量为5%~95%，白云母的含量从相当少量到10%，在所有含有硬玉的标本中，石英的含量不超过5%。

翡翠中组成矿物的粒度变化很大，粒径可以从小于0.5mm至6mm，甚至更大。岩石学的研究表明，细粒的钠长石沿硬玉裂隙、解理面和硬玉粒间间隙分布，被钠长石包围的硬玉小碎片常常具有一致的结晶学和光性方位，在有些硬玉颗粒的外缘还包裹着一层极薄的方沸石（$NaAlSi_2O_6 \cdot H_2O$），这些现象都表明硬玉形成玉后受到钠长石和方沸石的交代。

危地马拉翡翠中硬玉的化学成分特点是含Cr少，大多数的硬玉都不含Cr，Ca、Mg、Fe的含量较高，并可以过渡到绿辉石，形成以绿辉石为主要矿物的品种。表2-1是有关的化学成分的资料。

表2-1 危地马拉硬玉和含Cr绿辉石的化学成分（%）

	SiO_2	Al_2O_3	Na_2O	CaO	MgO	FeO	Cr_2O_3	MnO	TiO_2
硬玉浅绿*	58.12	20.32	12.43	3.13	2.16	3.26	/	0.07	0.31
硬玉苹果绿*	59.18	23.73	14.36	0.95	0.95	0.42	/	0.02	0.00
硬玉 *	58.26	22.23	11.91	3.72	2.18	0.92	/	0.03	0.04
含Cr绿辉石 **	55.00	5.80	6.35	13.7	9.08	4.96	3.71	0.00	0.06

* 据 A.McBirney 等（1967）；
** 据G.E. Harlow等（1987）。

三、危地马拉翡翠的品种和特征

危地马拉所产出的翡翠具有各种各样的外观，有些颜色和特殊的外观在缅甸产的翡翠中尚未发现。根据不同的外观特征划分出的品种有：

1.绿色翡翠

绿色的危地马拉翡翠是最为稀有和珍贵的品种。最绿的被称为“危地马拉帝王玉”，与缅甸帝王玉相比，在透明度和质地以及颜色的

图2-31 危地马拉灰绿色翡翠砾石

图2-32 危地马拉墨绿色翡翠

图2-33 危地马拉紫色翡翠

鲜艳和浓度上都与缅甸翡翠的分级不一样，其质地是细到中粒，半透明到微透明的浅绿色的品种。“危地马拉帝王玉”通常呈脉状或者斑块状分布在白色的翡翠之中(图3-31)。

2.黑色翡翠

危地马拉产出的翡翠中，黑色(很深的墨绿色)的翡翠相当多，一种称为“玛雅墨玉”，另一种称为“银河黄金玉”。“银河黄金玉”是在黑色的翡翠中含有银、镍、镉、铂、黄金等自然金属和黄铁矿。这些自然金属与黄铁矿的金属光泽分布在黑色的背景下，如同满天的星斗，故而得名。而“玛雅墨玉”是一种极黑的翡翠。其他的黑色翡翠常常带有墨绿色调(图2-32)。

危地马拉黑色翡翠中的硬玉含有较高的Ca、Mg成分，是绿辉石质硬玉，或者硬玉质绿辉石玉。

3.紫色翡翠

危地马拉的紫色翡翠发现于1998年，较少见，其颜色与紫丁香非常相似，为淡紫色，半透明，主要矿物成分为硬玉(图2-33)。在中美洲，以前(包括史前的古代文物)尚未发现过这种翡翠。

4.其他品种

危地马拉的翡翠品种还有浅黄

色、淡桃红色和白色等。一种称为彩虹玉(Rainbow Jade)的品种是含有蓝、白、粉红、黄、绿和淡紫色的翡翠。

与缅甸的翡翠比较，大多数危地马拉的翡翠质地较差，通常具有粗粒结构。表2-2是两个不同产地翡翠的特征和比较。

表2-2 危地马拉和缅甸翡翠的特征与比较

特征	危地马拉	缅甸
颜色	黑色或很暗的绿色，可含金属矿物的包裹体，绿色的色调较浅，带有灰黑色斑的草绿色、各种颜色的混杂和淡紫色等	多为绿色、淡紫色、白色，黑色少见，绿色色调较为鲜艳
结构	粗粒，绝大多数用肉眼可看出颗粒	细粒，一般用肉眼看不出颗粒
透明度	微透明到不透明，半透明少见	透明度相对较好
光泽	油脂光泽	玻璃到油脂光泽
化学成分	$CaMgSi_2O_6$的含量常达10%	一般含1%~2%的$CaMgSi_2O_6$
滤色镜反应	浅蓝绿色品种呈淡红色	均为惰性
光谱	437nm处的吸收线，很少见Cr的光谱	437nm绿色者多有Cr谱
折射率	1.65~1.67	1.65~1.67
相对密度	3.20~3.34	3.25~3.40

引自D.Hargett(1990)，略有修改。

5.危地马拉翡翠的商贸概况

危地马拉翡翠的产量可能是很大，据矿山的发现人和所有人Jay Rdinger 在1989年年底称，他的公司 Jades A.S.已拥有“最高档”雕刻用翡翠材料2万t。如果按从1975年开始开采到1989年的14年计算，平均年产量至少达到1 400t，比缅甸翡翠的年产量还要高出许多。但危地马拉的翡翠原料少有出口，只有少量的黑色翡翠于20世纪80年代末开始卖给香港的加工厂。

Jades A.S.是中美洲最大的一家危地马拉翡翠公司，不仅开采矿石，而且还加工成各种饰品，如珠子、戒面、徽章和雕件，制作成上万种玛雅传统的项链、串珠、耳坠和手镯，同时，也制作成现代的首饰。近来（1999）Jades A.S.公司也开始生产菩萨雕件。危地马拉的翡翠制品主要是作为旅游品出售。

危地马拉翡翠成品的价格依其颜色、品种而定，每克拉从几美元到几千美元都有，售价较高。人们认为，危地马拉的翡翠含有历史文化的价值，其价格由当地对翡翠开采、制作的成本以及文化收藏的价值等多种因素决定。Jades A.S.公司还举办危地马拉翡翠评估短期课程，以帮助珠宝评估师正确评估危地马拉翡翠的价值。

近年来，台湾玉商常到危地马拉收购和开采翡翠，文中的危地马拉翡翠图片基本是从台湾玉商处拍摄的。现在，这些翡翠也被运到广东佛山的平洲翡翠毛料市场销售，价格与缅甸产同质地的翡翠差不多。

第三节　哈萨克斯坦的翡翠矿床

哈萨克斯坦的翡翠矿床是在20世纪50年代末发现的，由于质量和市场等方面的原因，没有进行有规模的商业性开采，无论是原料还是制成品，都很少见于翡翠市场[12~14]。

一、哈萨克斯坦翡翠矿床的地质概况

哈萨克斯坦翡翠矿床位于喀什市以东110km的伊特穆隆达附近，产于伊特穆隆达–秋尔库拉姆蛇绿岩套构造带的蛇纹岩之中。该蛇纹岩成西—北西向延伸，长约30km，宽几百米至1.5km。岩体由纤蛇纹石和叶蛇纹石组成。在岩体的破碎带和片理化带中出现呈叶片状的叶蛇纹石，该破碎带还含有蓝闪石片岩和铝铁闪石片岩的围岩捕虏体。翡翠矿体也沿破碎带和

片理化带分布，并集中在蛇纹岩岩体的顶部和巨大围岩捕虏体的附近。翡翠矿体具有透镜状，岩株状及柱状的形态，矿体的直径从一至几十米不等，有些脉体，尤其是大的翡翠脉体全部由灰色翡翠组成，矿脉的边缘部位，出现有数量不等的绿色翡翠，并出现被钠长石、方沸石、钠沸石和透闪石所交代的现象。有些翡翠矿脉具有对称的分布构造，核心部分是以硬玉为主的翡翠，外侧为绿辉石质带，最外侧为斜方辉石（顽火辉石）带（图2-34）。

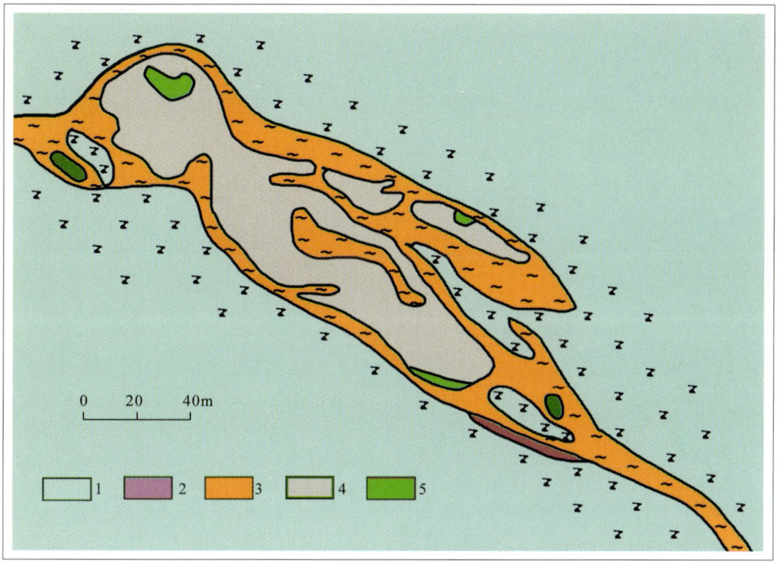

图2-34　哈萨克斯坦翡翠矿床地质图

1.蛇纹岩；2.角闪石岩 ；3.含蛭石和绿泥石片状粘土；
4.灰色翡翠 ；5.绿色翡翠

另外的研究发现，翡翠矿脉还可以由两种原生岩石经交代变质作用形成，这两种原始岩石分别是条带状阳起石、钠长石–石英结晶片岩和块状的（含石英）钠长石岩。在交代作用中，钠长石被蚀变为硬玉，阳起石则被蚀变成绿辉石，在条带状阳起石–钠长石–石英结晶片岩的岩层中，硬玉出现在不含石英的阳起石–钠长石层中，富含石英的结晶片岩中则无硬玉存在。个别的翡翠矿脉发生强烈的钠长石化，形成含翡翠残余的钠长石岩脉。

二、哈萨克斯坦翡翠的常见类型

哈萨克斯坦翡翠按颜色与生成顺序（从早到晚）可分为三种：最先形成的是浅灰色的翡翠；其次是暗灰色的翡翠；最后是浅绿至暗绿色的翡翠。各自的特征如下：

1.白色–浅灰的翡翠

这种类型的翡翠是矿脉的主要组成，约占矿脉总体积的70%~90%，矿物成分为：硬玉约占80%~95%，钠长石约占3%~5%，少量的暗色矿物，如磁铁矿和石墨，含量2%~5%。

2.暗灰色翡翠

这种类型的翡翠较少，仅在矿体的局部出现，颜色深者可达黑色，主要由分散在翡翠中的石墨和磁铁矿造成的，矿物成分为：硬玉约占70%~90%，绿辉石约占5%，石墨和磁铁矿含量变化较大，从5%~35%。

3.绿色翡翠

绿色翡翠常出现在翡翠矿脉的边缘与围岩接触带的位置上，颜色为灰绿色、暗绿色和褐绿色，呈细脉状或点状的色斑分布在白色及灰白色的翡翠之中。绿色翡翠的矿物成分主要是硬玉，部分的硬玉含有较高的Cr和绿辉石的分子，除硬玉外，还有数量可变的绿辉石和少量的铬铁矿。与铬铁矿接触的硬玉的铬含量明显地增大（参见表2-3）。绿色翡翠中的硬玉与绿辉石密切共生，没有成因上的先后关系[15]。

4.杂色翡翠

杂色翡翠常产于白色翡翠与围岩的接触带附近，同一块体上可出现白色、灰色、绿色或黑色等颜色，不同的颜色呈团块状或网脉状分布。

表2-3 哈萨克斯坦伊特穆隆德翡翠矿中硬玉的化学成分(%)

成 分	F1*	F2*	F3*	F4 *	F5**	F6**	F7**	F8**	F9**	F10**
SiO_2	56.69	56.98	57.94	58.73	57.83	57.32	57.41	58.66	56.77	58.12
TiO_2	0.42	0.23	0.07	0.00	0.12	0.14	0.63			0.08
Al_2O_3	13.52	14.29	19.45	24.50	20.98	21.13	21.08	26.12	24.39	20.97
FeO	2.29	2.25	1.97	0.13	0.86	1.01	2.64	0.05	0.03	0.66
MnO					0.01		0.01	0.01	0.01	0.01
MgO	4.43	4.52	2.97	0.10	2.90	2.62	1.04	0.06	0.01	3.10
CaO	6.18	6.72	3.65	0.32	4.03	3.47	0.85	15.57	0.01	4.68
Na_2O	11.08	10.87	12.84	14.60	12.96	13.29	14.99		14.33	12.53
K_2O									0.03	0.01
Cr_2O_3	5.53	2.77	0.44	0.01	0.23	0.16	0.08			0.04
NiO					0.02		0.02			
总 和	99.64	98.93	99.33	98.39	100.01	99.12	98.73	100.51	95.58	100.18

*F1~F4为与铬铁矿直接接触的暗色至外围绿色、浅绿色、白色的硬玉翡翠中的硬玉;
**F5~F10为浅绿—无色翡翠中的硬玉(据陈美华等,1997)。

三、哈萨克斯坦翡翠的结构构造特点

各种类型的翡翠都具有不等粒变晶结构,硬玉颗粒遭受强烈变形而成弯曲状或碎裂状,硬玉的颗粒大小可明显分成两组:一组为细粒的硬玉,粒度在0.05mm左右;另一组为粗粒的硬玉,粒度可达2mm。大多数翡翠在肉眼下均可看出明显的颗粒。

翡翠矿体的裂隙较为发育,多成网格状或不规则的树枝状,甚至在局部发育有片理,反映翡翠矿体遭受过强烈的构造挤压作用,使矿体受到破坏，少有大块优质的翡翠原料。

该矿床产出最好的翡翠为微透明–半透明，浅绿–绿色，颗粒中到粗粒。与缅甸翡翠相比，大约相当于中下等的“花牌料”。

第四节　俄罗斯西萨彦岭翡翠矿床

俄罗斯西萨彦岭翡翠矿床发现于1959年，位于克拉斯诺亚尔斯克边疆区南部的捷吉尔河（叶尼塞河支流）河谷，大约在20世纪90年代中后期，有少量的翡翠原料开始经代理人在香港翡翠市场销售[16]。

一、西萨彦岭翡翠矿床的地质概况

翡翠矿床产于西萨彦岭寒武纪早期巨大蛇绿岩套的博鲁斯超基性岩体的西南部，在翡翠矿脉出现的地区，分布有大叶片状的叶蛇纹石岩，翡翠矿脉和其他一些岩脉，如钠长岩脉、绿泥石–蛇纹石岩脉，钠沸石岩脉等穿插在特鲁斯超基性岩体之中。翡翠矿脉长度多为150~200m，厚度2~3m，颜色为白色或浅灰色，含团块状和细脉状的绿色翡翠及绿辉石。翡翠的平均矿物成分是：硬玉70%~90%，绿辉石7%~12%，还有少量的钠长石、方沸石、钠沸石、钙铝榴石和刚玉等矿物。大多数的翡翠矿脉还受到强烈的交代作用，硬玉被钠长石、钠沸石、方沸石、钠铁闪石所交代。

翡翠矿体具有对称的分带性，核心是纯硬玉带，几乎由纯的单矿物硬玉组成，颜色为白色、灰色和绿色。绿色的宝石级翡翠往往呈脉状、透镜状和团块状分布在脉体中。外侧为钠长石硬玉带，该带主要由硬玉和钠长石两种矿物组成。最外侧是混杂带，主要矿物成分是斜长石、角闪石类矿物、云母、硬玉和透辉石等。

在矿区内除了原生矿体外，还有次生矿床。

二、西萨彦岭翡翠的类型和特征

根据欧阳秋眉（1999）把西萨彦岭的翡翠划分成4种类型。

1.一号翡翠原料

颜色呈深绿色，比较均匀，厚时颜色发暗，薄时则呈鲜绿色；质地细，不透明，具纤维结构。矿物成分有硬玉、绿辉石，并含有浸染状钠铬辉石，后者呈深色斑点状出现(图2-35)。有时含有定向排列的褐黑色物质，经鉴定为非晶质物质。

这种原料适合做薄水货。若切薄至1mm以下时，呈鲜绿色，并且具有一定水头，做成蝴蝶形或六节形首饰非常美观。

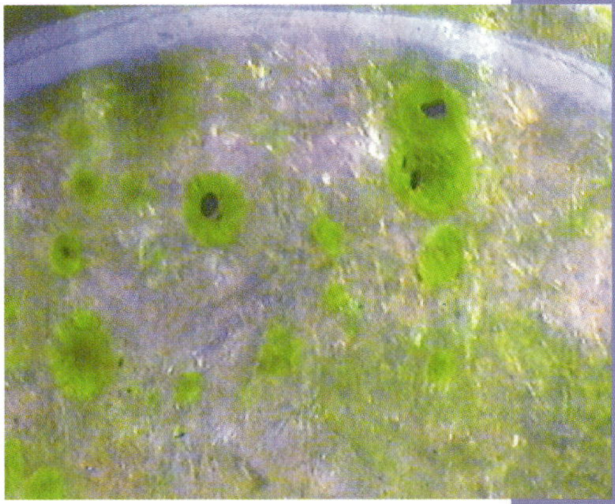

图2-35 翡翠中的铬铁矿包裹体

2.二号翡翠原料——含辉钼矿的翡翠

颜色呈淡绿色至中等绿色；质地粗-中等，水头中等，半透明。往往有鲜绿色翡翠细脉，其质地较细，色较深。但同时毫无例外地含有呈浸染状分布的辉钼矿(图2-36)，致使翡翠的质量大为降低。所含辉钼矿需要以雕洞的方法将之去掉，否则瑕疵太多，影响质量。

图2-36 翡翠中的辉钼矿包裹体

3.三号翡翠原料

颜色、质地、水头等基本上与二号翡翠原料相同，所不同的是不含辉钼矿瑕疵。其中后期形成的含铬的鲜绿色、质地细、水头较好的翡翠呈脉状、斑状分布。这种材料可用来制作光身首饰，如小的戒指面、怀古等。这种翡翠料具有与缅甸老坑种相同的质量，只不过产出比较分散，是这个矿区的最佳原料。

4.四号翡翠原料

浅绿色至浅灰色；粗粒、豆粒状结构；不透明，属于粗粒豆种。由于太粗而干，不适宜做首饰用，只能用来制作低档的雕件。

三、西萨彦岭翡翠与缅甸翡翠的异同

与缅甸的翡翠比较，俄罗斯西萨彦岭的翡翠在外观上颜色欠鲜艳，粒度较粗，透明度较低。在矿物组合上，西萨彦岭翡翠中含有较多的透辉石、少量的硫化物和云母等。尤其是辉钼矿，可视为非常特征的矿物包裹体。在组成翡翠的主要矿物硬玉的化学成分上也存在一定的差异，西萨彦岭翡翠中的硬玉Ca和Fe的含量较高，同时，西萨彦岭翡翠中也含有团块状的绿辉石微晶集合体（图2-37）。

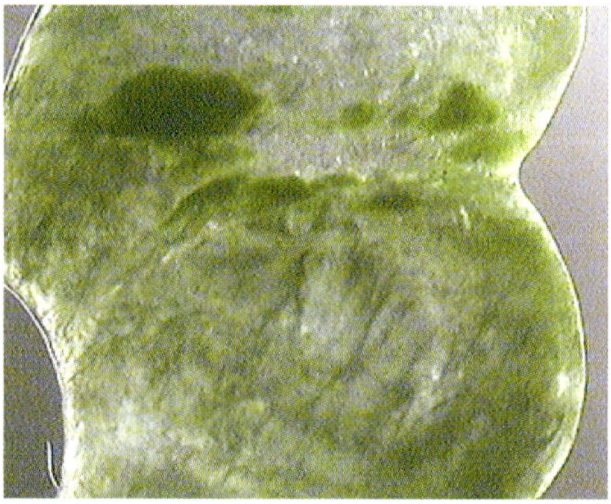

图2-37 绿辉石微晶集合体

第五节　其他地区翡翠或硬玉岩产地

除了前面所述的各个产地之外，在世界上还发现有其他的翡翠或硬玉岩的产地，其中有些产地的硬玉岩具有一定的玉石特性，具有一定的经济价值或者潜在的经济价值，更多的产地，例如西里伯岛（Celebes）[17]、意大利的Mocchiesusa[10]、法国的阿尔卑斯山地区[18]、我国云南西部[19]和湖北桐柏地区[20]等也都发现有硬玉或硬玉岩产出，但仅具有地质科学上的意义。

一、美国加州克列尔克里克翡翠矿床

该翡翠矿床位于圣贝尼托县的克列尔克里克镇附近，产于晚侏罗世—白垩纪的超基性岩侵入岩和火山岩带的新伊德亚蛇纹岩之中。蛇纹岩岩体为椭圆形，长约19km，宽约6.4km。在蛇纹岩中包裹有大量的火山及火山沉积岩的捕虏体，捕虏体的大小为几十米到几百米，并受到强烈的蚀变作用，有些变为致密的，由粒状钙铝榴石、透辉石、透闪石和符山石组成的特殊岩石，有一些则受到了强烈的硬玉化，形成翡翠矿体（图2-38）。

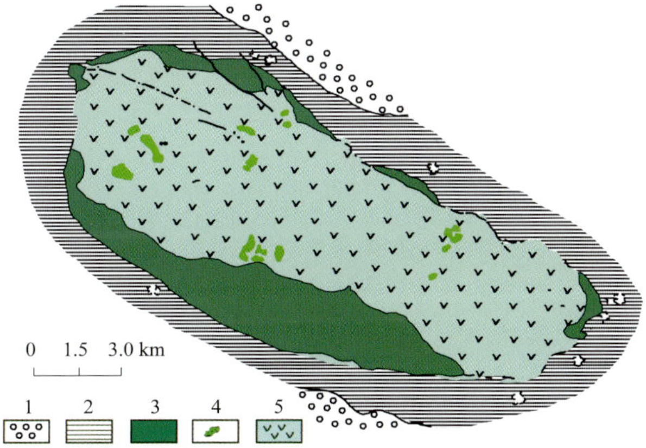

图2-38 美国克列尔克里克翡翠矿区地质图

1.未划分的早、晚第三纪沉积；2.晚白垩世海相沉积；3.弗兰西斯科组（侏罗纪—白垩纪）；4.蛇纹岩中的变质岩“构造包裹体”；5.蛇纹岩

在这些岩石中还可发现与翡翠矿体具有过渡特征的岩石类型，特别是在围岩捕虏体的边缘部分，钠长石–铝铁闪石片岩逐渐过渡为钠长石–硬玉片岩，其中还有绿色细脉状的透辉石–硬玉质绿辉石。钠长石–翡翠岩可被纯硬玉组成的白色翡翠脉垂直层理地切穿。

翡翠矿体中心部位或者整个矿脉由角砾状极细粒绿色翡翠组成，中间穿插着粗粒的白色翡翠细脉。在绿色翡翠中，浅绿色和暗绿色波状弯曲的薄层（宽几毫米至2.5cm）交替出现，很象片岩的原生条带构造。绿色翡翠中硬玉的化学成分不纯，约为75%的硬玉分子、15%的霓石分子、7%的透辉石分子、3%的钙铁辉石分子，是一种含有绿辉石组成的硬玉。绿色翡翠的组成矿物除绿辉石质硬玉外，还有少量的钠沸石和硬硅钙石，但没有钠长石。白色翡翠矿脉中硬玉的化学成分很纯，硬玉分子可高达97%。该翡翠矿床产出的翡翠质量不高，缺少祖母绿色的优质翡翠。

二、日本的翡翠

日本的翡翠发现于新潟县、鱼师、青海町等地，最早发现的产地是新潟县片木村，于1938年发现。其实，日本在远古时代就使用过翡翠，在距今5 000年的绳文文化的出土文物中，就发现有用翡翠制作的钓形的带有穿孔的串珠（图2-39）[21]。日本称玉（翡翠）为Gyoku和Toma，意思是宝石和玉，是珍贵神圣的物品。

图2-39 绳文文化的翡翠大珠

日本列岛是地质构造活动非常强烈的地区，根据地球岩石圈的板块学说，是现代洋底板块与大陆板块的结合部，洋底板块沿日本海沟俯冲到大陆板块的下面（参见图2-40），由此导致日本列岛上发育有北东向分布的高压变质岩带，由硬柱石-蓝闪石片岩组成，日本的翡翠或硬玉岩就分布在高压变质岩带中，从南端的九洲岛到中部的本洲岛，再到北部的北海道都发现有翡翠（或硬玉岩）的露头。

Y. Seki 等（1960）[22]报道了日本九洲Sibukawa地区的硬玉产状。该区高压变质岩带中的超基性和基性侵入岩在高压变质作用中，超基性岩部分或全部蛇纹岩化，基性的辉长岩则出现蓝闪石、绿泥石、阳起石和硬柱石等变质矿物组合，硬玉即与这种变辉长岩有关。含硬玉的变辉长岩岩脉或透镜体只出现具有强片理化的蛇纹岩区段，变辉长岩中的硬玉与绿纤石、符山石、钙铝榴石、绿泥石、硬柱石和绢云母等共生。硬玉也能形成纯硬玉脉，但其脉幅不足5cm。

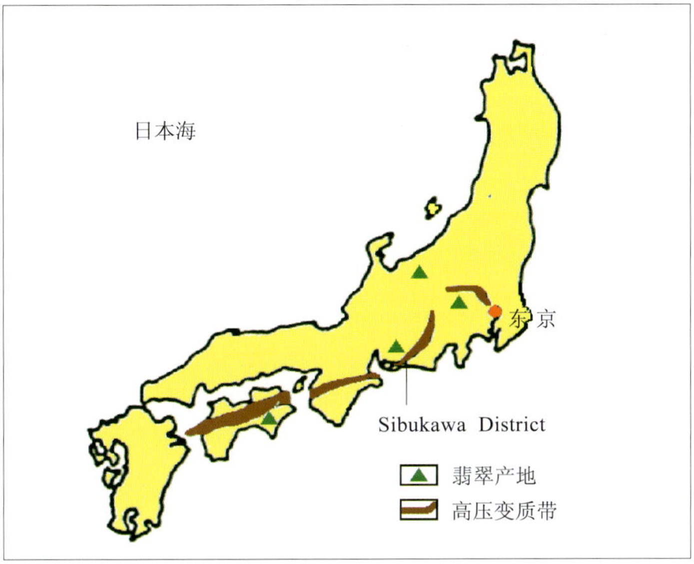

图2-40 日本高压低温变质带和翡翠产地

日本翡翠的质量参差不齐（图2-41），组合矿物的成分也比较多样和复杂，有时还会夹带有围岩成分。质量好的日本翡翠，可具有较鲜艳的绿色，但透明度常常较差，结构常常较粗。日本翡翠由于产量低，高质量的不多，尚不具有商业意义，主要供爱好者收藏。

图2-41 日本古代各种质地翡翠制作的古串珠

参考文献：

[1] R.C.Kammorling, K, Scarrat, G.Bosshart, *et al*..Myanmar and its Gems——an Update, J.Gemm., 1994, 24(1).

[2] R.W.Hughes, O.Galibet, M.Smith and Thet, Oo.绿之路——缅甸玉石探险记(下).赖泰安译.珠宝界, 1997(44).

[3] 欧阳秋眉.缅甸北部硬玉的新近观察.宝石及宝石学, 1999, 2(2).

[4] Myanmar.HK.Gemmologist Explores Myammar's Jadeite Mines.Jewelry News Asia, 1999(176).

[5] R.W.Hughes.Olivier Galibert, George Bosshart, *et al*..2000 Burmese Jade: The Inscrutable Gem.Gems & Gemology, 2000, 36(1).

[6] P.C.凯勒.宝石及其成因.姚参林等译.北京：冶金工业出版社, 1992.

[7] 邓燕华.宝(玉)矿床.北京：北京工业大学出版社, 1991.

[8] 周经纶.翡翠天命.台北：号角出版社, 1987.

[9] 吴政龙译.危地马拉硬玉上市.宝石矿物, 2000(9).

[10] G.E.Harlow, E.P.Olds.Observations on Terrestrial Ureyite and Ureyitic Pyroxene. American Minevalogist, 1987(72).

[11] A.McBirney, K.Aoki, M.N.Bass.Eclogites and Jadeite from the Motagua Fault Zone, Guatemala.American Mineralogist, 1967(57).

[12] E.Я.КиеBπeHKO等.翡翠.国外地质科技(地质情报所), 1981(2).

[13] A.M.Miller.Jadeite of Guatemala.the Guide, 2000.

[14] D.Hargett.Jadeite of Guatemala: a Contemporary View.Gems & Gemlogy, 1990(1).

[15] 陈美华, 狄敬如.哈萨克斯坦翡翠成分特征及成因初步研究.校友通讯, 1997(3).

[16] 欧阳秋眉.俄罗斯西萨彦岭翡翠矿床特征.宝石及宝石学杂志, 1999, 1(2).

[17] S.L.Vanlaudingham.Geology of Word Gem Deposis.1981.

[18] C.Mevel, J.R.Kienest.Chromian Jadeite.Phengite, Pumpellyite and Lansonite in a High-pressure Metamorphosed Gobbro from the French Alps.Mineralogical Magazine, 1980 (43).

[19] 罗万林等.澜沧江构造带南带硬玉(或硬玉质辉石)的发现及可能的地质意义.云南地质, 1986(4).

[20] 王彤.湖北桐柏地区变霞石正长岩中硬玉的发现及其地质意义.地质实验室, 1990(3).

[21] 松原聰, 横山一己.Special exhibition Jadeite-Treasure of Orient.日本, 每日新闻, 2004.

[22] Y.Seki, M.Aiba, C.Kato.Jadeite and Associated Minerals of Meta Gabbro Rocks in the Sibukawa District.Central Japan.American Mineralogist, 1960(45).

第三章　翡翠的矿物组成、颜色和结构构造

翡翠商业活动的每一个环节都建立在对翡翠的鉴定与评价的基础之上。由于翡翠是一种变化多端的玉石，几乎每一块翡翠都有其与众不同之处。要识别翡翠颜色的变化、质地的变化，被人工处理后的特征以及仿冒品的不同特征，仅仅知道某些表面的现象是不够的，必须彻底地了解翡翠本身的基本性质，了解导致翡翠各种现象变化的本质和规律，才能达到准确鉴定和评价翡翠的目的。

第一节　翡翠的组成矿物及性质

翡翠是以硬玉为主要矿物成分的多晶质集合体。翡翠中除了含有硬玉之外，还含有钠铬辉石、绿辉石、碱性角闪石类矿物、钠长石和沸石等多种矿物。当这些矿物的含量变化时，翡翠的物理性质等特征也产生变化，并形成不同的翡翠类型。

一、硬玉的主要性质

硬玉是翡翠的主要矿物成分，所以翡翠的特征在很大程度上受硬玉矿物学性质的影响。

1.化学成分

纯净的硬玉的化学成分可用化学式 $NaAl(Si_2O_6)$ 来表示。但天然

产出的翡翠中的硬玉常含有少量的能导致翡翠产生颜色的杂质元素，如Cr^{3+}、Mn^{3+}、Fe^{2+}等过渡元素。白色翡翠中硬玉的化学成分常非纯净，接近于上述的理想化学式，其各种化学元素的含量为：Na_2O15.4%，$Al_2O_3$25.2%，$SiO_2$59.4%。但是，天然产出的硬玉常常含有多种的杂质元素或固溶体成分（表3-1），含量较高的常见的杂质元素是Ca、Mg、Fe和Cr，其中Ca、Mg、Fe可看作为绿辉石的化学成分，Cr可看作为钠铬辉石的化学成分。Cr含量高的硬玉，可以看成钠铬辉石与硬玉形成的固溶体；Ca、Mg、Fe的含量高的硬玉，可以看成绿辉石与硬玉形成的固溶体。硬玉与绿辉石及钠铬辉石可形成连续的固溶体，所以，硬玉的化学成分特点也可以用硬玉、绿辉石和钠铬

表3-1 缅甸硬玉的化学成分（电子探针分析）（%）

序号	SiO_2	Al_2O_3	NaO	CaO	MgO	FeO	Cr_2O_3	MnO	TiO_2
1	60.30	24.51	12.90	1.01	0.61	0.44	0.20	/	/
2	59.39	21.60	12.08	3.26	2.40	1.11	0.00	/	/
3	60.57	23.42	10.68	2.73	1.74	0.80	0.00	/	/
4	59.86	23.16	12.52	2.43	1.22	0.82	0.00	/	/
5	59.83	21.14	12.29	0.08	0.14	0.38	5.52	0.00	0.02

说明：1.较纯的硬玉；2、3、4.含有绿辉石成分；5.铬硬玉。

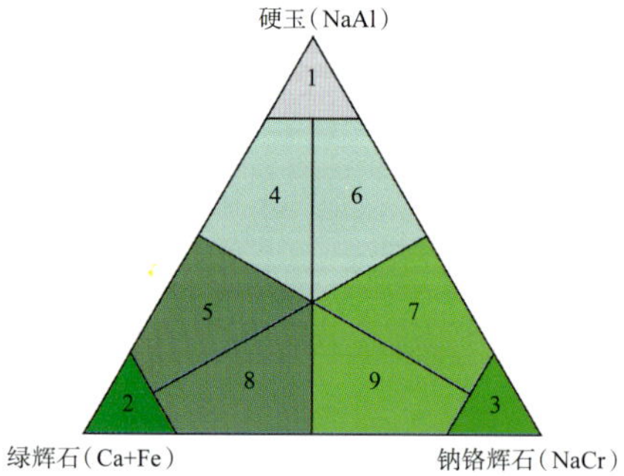

图3-1 硬玉化学成分三元图解

1.硬玉；2.绿辉石；3.钠铬辉石；4.绿辉石质硬玉；5.硬玉质绿辉石；6.钠铬辉石质硬玉；7.硬玉质钠铬辉石；8.钠铬辉石质绿辉石；9.绿辉石质钠铬辉石

辉石的三角图解来说明。图3-1表示出硬玉化学成分的变化、不同的亚种和名称。一般规定：如果硬玉中的绿辉石或钠铬辉石成分少于20%，为硬玉。硬玉又可根据Cr_2O_3的含量划分为纯硬玉、含铬硬玉和铬硬玉。含铬硬玉的Cr_2O_3含量在0.2%~1.0%，铬硬玉的Cr_2O_3含量在1.0%~3.0%之间；如果硬玉中的绿辉石或钠铬辉石成分在20%~50%之间定为绿辉石质或钠铬辉石质硬玉；反之，如果绿辉石或钠铬辉石中含有

20%~50%的硬玉成分，则为硬玉质绿辉石或钠铬辉石；硬玉成分少于20%为绿辉石或钠铬辉石[1,2]。

2.硬玉中杂质元素的作用

杂质元素中Cr最为重要，它不仅影响到硬玉绿色的色调和浓度，还会影响到硬玉的透明度。Cr通常以Cr^{3+}离子的形式，替代硬玉中的Al^{3+}，并使硬玉呈翠绿色。当Cr_2O_3的含量低于1%时，硬玉是透明的绿色，并且在岩矿薄片中呈无色状。组成翠绿色的优质翡翠的硬玉，其Cr_2O_3含量多在0.4%~0.7%。但是，如果硬玉中Cr_2O_3的含量高于1%，虽然还是呈翠绿色，但透明度就受到很大的影响，并且在岩矿薄片中呈绿色。有些不透明的绿色翡翠（如铁龙生种，图3-2）就是由这种含铬量较高的硬玉组成的[3]。因此，也把Cr_2O_3的含量大于1%的硬玉称为铬硬玉[4]。

图3-2 铁龙生种大玉佛

以往都认为，Fe元素对翡翠的颜色的影响非常重要，但最近的研究表明，Fe对翡翠颜色的影响不大[5]。硬玉中Fe^{3+}类质同像替代硬玉晶格中的Al^{3+}，造成437nm的吸收峰，几乎所有的白色翡翠样品都含有少量的Fe^{3+}，可见明显程度不同的437nm的吸收峰，但是与颜色的深浅无关。由此可见Fe^{3+}对翡翠颜色基本上没有影响。但是，当Fe呈Fe^{2+}进入硬玉的晶格时，会导致蓝绿色色调。当Fe^{2+}的含量较高时，Ca、Mg的含量也随着增大，意味着硬玉中的绿辉石成分增大，成为绿辉石和硬玉的固溶体，并使这种成分的硬玉出现蓝绿色色调。

还有人认为当Fe以Fe^{2+}和Fe^{3+}两种价态共存的形式进入化学成分纯净的硬玉晶格时，会使硬玉呈现出粉紫色或蓝紫色，形成所谓的紫罗兰翡翠[6,7]，这一观点是否正确还有待进一步的验证。最新的研究表明[5]，Mn尤其是Mn^{3+}是使硬玉产生紫色的重要原因。但是Mn^{3+}只有在FeO和Cr_2O_3等其他杂质元素的含量很低时才能发生作用，当硬玉中

FeO的含量小于0.1%、Cr_2O_3的含量更低、但MnO含量较高达到0.05%~0.2%时，才会呈现粉紫色。另据沈才卿（1985）的研究，Mn^{2+}可使硬玉玻璃产生紫红色，Co^{2+}也能使硬玉玻璃产生紫红色。

蓝紫色硬玉的颜色成因更为不同，有人认为，在Mn^{3+}含量较高时，同时含有一定的Cr^{3+}，即Cr_2O_3的含量达到0.1 %时，硬玉会呈蓝紫色。但是，通过翡翠阴极发光的研究揭示，蓝紫色翡翠的发光峰与粉紫色及其他颜色的都不同（图3-3），指示蓝紫色硬玉另有专属的致色杂质元素，很可能是Ti^{4+}[8]。

除了过渡金属元素，硬玉中还常常含有数量不等的Ca和Mg，Ca^{2+}和Mg^{2+}离子在硬玉晶格中替代Na^{+}离子和Al^{3+}离子（$Ca^{2+}+Mg^{2+}=Na^{+}+Al^{3+}$或者$3(Ca^{2+}+Mg^{2+})=2Al^{3+}$），以保持电价平衡[9]。当$Ca^{2+}$、$Mg^{2+}$含量较高时（通常$Fe^{2+}$也较高）使翡翠的颜色发暗，形成绿辉石质硬玉，并过渡到绿辉石。

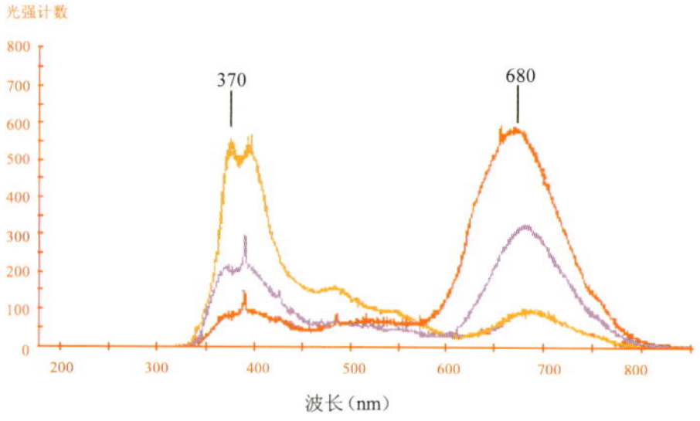

(a)

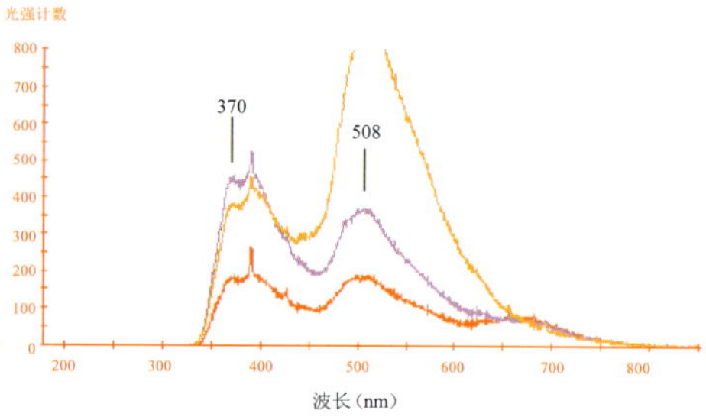

(b)

图3-3 紫色翡翠的阴极发光光谱

(a)紫色翡翠的370nm和680nm阴极发光峰；(b)蓝紫色翡翠的370nm和508nm阴极发光峰

硬玉中还含有其他的微量元素，这些元素与硬玉颜色的关系尚不清。

3.结晶学特征

硬玉属于辉石族，单斜辉石亚族的矿物，属单斜晶系，对称型为L^2PC，基本的晶体结构特征是硅氧四面体（SiO_4^{4+}）通过共用1个顶角相连组成单链，并平行C轴延伸，硅氧链与链之间由小阳离子M_1和较大阳离子M_2构成的八面体和多面体组成的链联结。因此，硅氧链间的结合力要小于链内的结合力，而形成解理。硬玉有平行C轴的两组完全解理，两解理面的夹角为87°，接近90°，如图3-4所示。翡翠中的硬玉通常呈短柱状、柱状、纤维状和不规则粒状的形态。

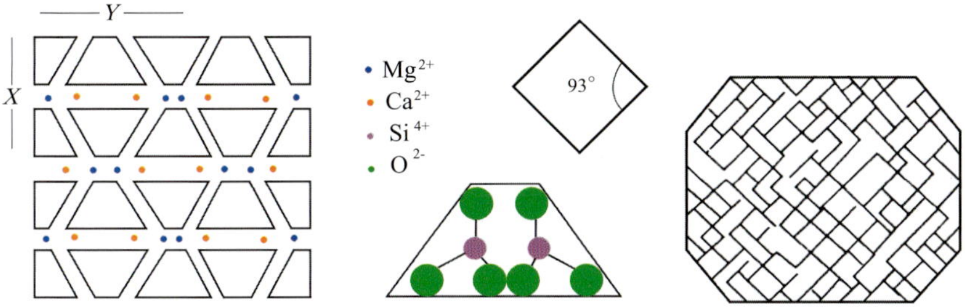

图3-4 硬玉晶体的结构和解理特征

4.光学性质

硬玉在岩矿薄片中呈无色透明，但铬硬玉呈绿色，并有明显的多色性。绿辉石质硬玉与硬玉一样，为无色透明。

其单晶体折光率Ng=1.652~1.673，Nm=1.645~1.663，Np=1.640~1.658，双折率为0.012~0.015。光性为二轴晶正光性符号（B+）。

集合体的折光率约1.66。

5.其他物理性质

相对密度：3.24~3.43；

摩氏硬度：6.5~7，晶体的不同方向上硬度不同，平行C轴方向的硬度小于垂直C轴方面的硬度；

熔点：900℃。

二、钠铬辉石（Ureyite）的主要性质

钠铬辉石原发现于陨石中，被认为是宇宙矿物，1984年欧阳秋眉[10]在缅甸产的一种玉石（干青种，图3-5）中发现了钠铬辉石。几乎同时，

(a)

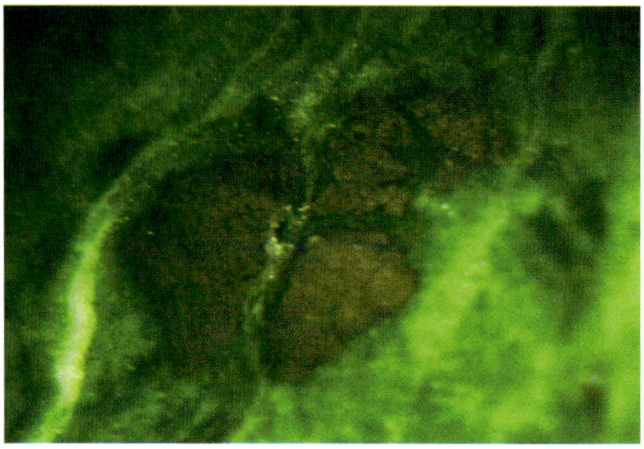

(b)

图3-5 含钠铬辉石的干青种

(a)含有黑色团块状的铬铁矿;(b)钠铬辉石微晶交代铬铁矿

瑞士的宝石学家H.A.Haimi博士也在做同样的研究[11],并得出相同的结果。

钠铬辉石属单斜晶系,有两组平行柱面的解理,是辉石族,单斜辉石亚族的一种矿物。缅甸翡翠中钠铬辉石通常呈纤维状微晶和更为细小的隐晶质集合体,常常交代铬铁矿[图3-5(b)]。

钠铬辉石的理想化学式是$NaCrSi_2O_6$,可以与硬玉和绿辉石形成固溶体,故常会有一定量的Al,Fe,Ca,Mg等杂质元素,实际化学成分见表3-2。

表3-2 钠铬辉石的化学成分(%)

序号	SiO_2	Al_2O_3	NaO	CaO	MgO	FeO	Cr_2O_3	MnO	TiO_2
1	56.56	7.32	14.02	0.67	0.82	1.80	18.46	0.47	0.00
2	56.49	2.56	13.49	0.72	0.75	0.00	25.16	0.45	0.00
3	54.44	3.77	14.50	0.28	0.82	0.00	26.19	0.80	0.01
4	55.50	8.18	12.51	0.99	0.58	5.72	16.30	0.05	0.06
5	62.39	12.75	10.53	0.33	0.43	3.98	8.13	0.04	0.29

数据来源:1~3.据崔文元等[12](1999);4.据Ou Yang[10](1984);5.据作者。

钠铬辉石呈绿色,但当成微细状并分散在浅色的矿物中时,可呈鲜艳的绿色(有人称为亮绿色、孔雀绿等),但不透明,即使在磨成厚度仅0.03mm

的岩矿薄片中也不透明，同时，研磨出的粉末呈现绿色。

钠铬辉石的平均折射率为1.74，硬度5.5，比硬玉低很多，相对密度3.50，在紫外灯下无荧光，滤色镜下不变红。

钠铬辉石硬度较低，不易抛光，研磨粉末呈现绿色等特征与绿色翡翠有明显的不同，所以，缅甸的玉商不认为钠铬辉石组成的玉石是翡翠，而称之为“干青”。

三、绿辉石（Omphacite）的主要性质

缅甸翡翠中绿辉石的作用和意义是近几年来经过深入的研究之后得出的新认识。由于绿辉石的X光粉晶衍射谱和霓石（$NaFeSi_2O_6$）几乎一致，所以早先的研究中常把绿辉石误认为是霓石。实际上，缅甸的翡翠中不存在或者极少存在霓石矿物。早先研究的另一个不足是把绿辉石看成透辉石化的硬玉，或者含透辉石成分的硬玉，而不当作独立的矿物相。大量的研究表明，缅甸以及其他产地的翡翠中绿辉石都相当常见，而且绿辉石可以和硬玉形成连续的类质同像固溶体，甚至还可以和钠铬辉石形成一定程度的类质同像固溶体。表3-3是与翡翠有关的绿辉石电子探针分析的化学成分。

表3-3　绿辉石的化学成分（%）

序号	SiO_2	Al_2O_3	NaO	CaO	MgO	FeO	Cr_2O_3	MnO	TiO_2
1	51.46	14.61	7.05	13.01	9.13	4.65	0.02	0.04	/
2	48.66	15.36	7.34	13.97	10.78	3.97	0.00	0.08	/
3	57.62	14.00	9.88	8.50	6.79	1.76	1.45	0.00	0.00
4	58.26	15.56	8.05	6.31	5.34	5.26	0.00	0.22	0.15
5	59.23	17.89	12.58	2.35	2.34	3.06	0.32	0.15	0.00
6	58.06	12.49	8.79	11.74	7.68	2.60	0.00	0.04	0.12
7	56.74	12.83	8.35	12.30	7.71	1.87	0.06	0.01	0.09
8	58.42	13.15	7.64	11.15	7.77	1.01	0.22	/	/

数据来源：1、2.据郑楚生等[13]（1998）；3~5.据欧阳秋眉等（1999），俄罗斯西萨彦岭样品[14]；5~7.据黄凤鸣等[15]（2000）；8.据作者。

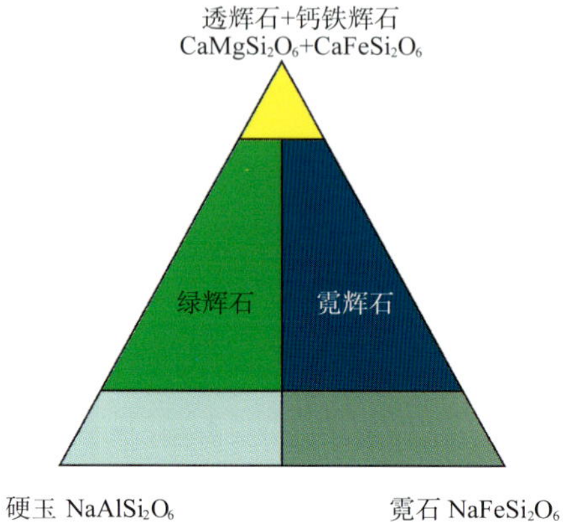

图3-6 绿辉石成分三元图解

在化学成分上，绿辉石与硬玉、透辉石和霓辉石的区别是：硬玉的Na/(Na+Ca)大于0.8，绿辉石介于0.2到0.8之间，最典型的是在0.5左右，小于0.2时为透辉石；绿辉石的Al/(Al+Fe^{3+})大于0.5，如果小于0.5则为霓辉石（参见图3-6）。

绿辉石是产于深度变质岩榴辉岩中的常见的矿物，矿物学上把绿辉石看成是含有一定硬玉($NaAlSi_2O_6$)成分的含铁透辉石或霓辉石。但是，产于翡翠中的绿辉石的化学成分与榴辉岩中的不同，以含铁低，含钠高为特征，化学式写成：(Ca，Na)(Mg^{2+}，Fe^{2+}，Fe^{3+}，Cr，Al)Si_2O_6，但Fe主要以Fe^{2+}离子的形式存在，Fe^{3+}含量低，而且常常缺失，所以翡翠中含有霓石分子的绿辉石极为少见[10,13,16]。

与硬玉共生绿辉石与榴辉岩中绿辉石的另一个不同的特征是，通常成纤维状微晶，在缅甸的翡翠中尚未见到较为粗大的晶体，并且在岩矿薄片中呈无色。

绿辉石属单斜晶系，平均折射率1.67~1.70；摩氏硬度5~6；相对密度3.29~3.37。

绿辉石的颜色与其化学成分有密切的联系。含Cr较高的绿辉石呈翠绿色，以纤维状微晶的形态集合组成细脉分布在翡翠中。不含Cr的绿辉石呈灰绿色，以微晶集合体组成脉状或团块状分布在白色的翡翠中，并被称为飘兰花种。含Fe较高的块状绿辉石微晶集合体在反射光呈带黑灰色至金属光泽的灰黑色，透射光下呈墨绿色，被称为墨翠，是各种黑色的翡翠品种中质量最好一种。

四、钠长石

钠长石在缅甸的翡翠中比较少见（图3-7），有人认为某些产于原生矿中

(a)

(b)

图3-7 缅甸翡翠中的钠长石

(a) 透明的一半是钠长石集合体；(b)钠长石呈透明的团块

的翡翠（如八三玉）含有较多的钠长石，但是，进一步的研究并没有证实这些猜想。世界其他产地如危地马拉和俄罗斯的硬玉岩中常见钠长石，其中钠长石可分成两个世代：早世代的钠长石常为粗粒状；晚世代的钠长石常呈细粒状，并沿硬玉颗粒的裂隙和解理交代硬玉（欧阳秋眉，1999[14]，A.McBirney等，1967）。很多人认为，这是褪变质作用造成的，即变质作用后期，地质应力作用的减弱，压力释放使硬玉晶体细粒化并结晶成钠长石。但是，这一作用在缅甸的翡翠中不明显。和其他产地的翡翠矿床类似，钠长石分布在翡翠矿体的外缘，而翡翠矿体中的钠长石含量不高，钠长石与翡翠的边界有时相当的明显，并且，交代硬玉的现象不常见。缅甸翡翠中的钠长石与硬玉之间的关系还需要进一步的研究。

钠长石属于架状的硅酸盐，单斜晶系，化学式为$Na(AlSi_2O_8)$，与硬玉的化学式$NaAlSi_2O_6$非常相似，而且，与硬玉共生的钠长石的化学成分很纯净。折光率Ng=1.536，Nm=1.529，Np=1.525，双折率0.007，平均折射率1.53左右。相对密度2.60左右，比硬玉小很多。摩氏硬度6~6.5。

由于钠长石的物理性质与硬玉的差异较大，当翡翠中钠长石的含量较多时，会导致翡翠的相对密度变小，但会提高翡翠的透明度。

钠长石也可以形成独立的玉石，即钠长石玉，或称为“水沫子”，详细内容参见第四章。

五、角闪石类矿物的主要性质

(a)

(b)

(c)

图3-8 原生和同生角闪石

(a)原生角闪石；(b)同生角闪石；(c)同生角闪石

缅甸翡翠中的角闪石十分常见，从产出的特征上看，有两种类型：一种是原生角闪石[图3-8(a)]，通常呈黑色，可能是被包裹到翡翠矿脉中的围岩经过变质作用形成的，化学成分上的特点是Cr和Na的含量较低；另一种是同生的角闪石[图3-8(b)、(c)]，通常呈墨绿色，化学成分上的特点是Cr和Na的含量较高，属于钠碱性角闪石，种类有镁钠钙闪石、镁钠铁闪石、铝闪石、蓝闪石和普遍角闪石等(崔文元等，1999[12])。缅甸翡翠中的角闪石的化学成分见表3-4。也有文献提到缅甸翡翠中有阳起石和透闪石，但不确切。

翡翠中的角闪石可呈脉体穿插在翡翠中，也可形成粒度不等的晶体浸染状分布，是缅甸翡翠中最常见的次要矿物，最明显的识别特征是黑色或墨绿色的体色、较大的晶体粒度和发育的解理面。

表3-4　翡翠中角闪石的化学成分(%)

序号	SiO_2	Al_2O_3	Na_2O	CaO	MgO	FeO	Cr_2O_3	MnO	TiO_2
1	57.66	4.05	5.69	5.99	18.37	3.68	1.47	0.86	/
2	49.43	10.32	6.04	7.63	16.03	4.70	2.88	0.00	0.47
3	59.70	2.79	10.24	0.67	17.18	3.95	3.42	0.37	0.00
4	58.38	1.37	9.63	0.42	18.47	6.18	4.07	0.00	0.00
5	59.40	9.68	8.71	0.54	13.22	2.57	3.00	0.16	0.32
6	61.25	0.27	0.00	12.65	22.04	3.28	0.23	/	/
7	59.81	4.86	7.97	0.04	19.45	4.23	0.45	0.03	0.02

数据来源：1.据张仁山[17](1983)；2~5.据崔文元等[12](1999)；6、7.据作者。

在翡翠原石的风化表面，常可看见粗大的角闪石晶体略突出于原石的表面，呈黑色或褐黑色，较小的角闪石晶体则风化成凹坑状。行业内称之为“癣”。

碱性角闪石属单斜晶系，有发育的两组平行柱面的完全解理，交角56°；平均折射率约1.62；相对密度3.1~3.2；摩氏硬度6~6.5。

显微镜下，常可见到角闪石交代硬玉的现象。角闪石可沿硬玉晶粒的边界，解理和裂隙侵入，在粗大的角闪石晶体中，可见到被交代成“孤岛”状的硬玉残晶。

六、沸石

沸石是一组含水的铝硅酸盐的统称，在翡翠中出现的沸石的种类主要是钠沸石和方沸石。它们可能是缅甸翡翠中硬玉受热液蚀变的

图3-9 细网脉状的沸石

产物，通常呈细脉状或者浸染状充填在翡翠中(图3-9)。

钠沸石的化学成分为：$Na_2(Al_2Si_3O_{10})\cdot 2H_2O$，斜方晶系，折射率1.473~1.496，双折率0.011，摩氏硬度5~5.5，相对密度2.2~2.5，常为白色或带各种浅淡的色调。

方沸石的化学成分为：$Na_2(Al_2Si_3O_{12})\cdot 2H_2O$，等轴晶系，折射率1.485~1.487，但常有异常双折射，摩氏硬度5~5.5，相对密度2.24~2.29，常为白色或带各种浅淡的色调。

第二节　翡翠的矿物成分分类

一、翡翠类型的概念

翡翠的类型和品种是两个不同的概念：类型是根据翡翠矿物组成的差异、化学成分的差异进行的分类；品种是根据翡翠的外观和质量的差异进行的分类。依据矿物组成分类的翡翠类型，更能反映翡翠的本质，更严谨、更具有科学性、更有利于认识和掌握翡翠的规律。而依据外观和品质分类的翡翠品种更切合翡翠的商贸实际，并在普遍地使用。两种分类的依据虽然不同，但相互之间有一定的联系。关于翡翠品种及划分将主要在第六章讨论。

翡翠类型的划分是20世纪90年代中期以来才开始有较多的讨论，如欧阳秋眉[2](1992)用硬玉-透辉石-钠铬辉石三个矿物端元的形式，根据翡翠中矿物的种类和含量来划分翡翠的种属。1996年欧阳秋眉[6]又提出依据主要矿物和次要矿物成分的方法划分不同的翡翠种属。邹天人等[1]（1999）用组成矿物的化学成分的方式来划分翡翠的种属，亓利剑等[4]（1998）提出了另一种根据翡翠矿物组成的分类。

从理论上看，某种矿物的化学成分的差异是反映该矿物的晶体化学和地质地球化学关系，是了解矿物成因的重要依据，但不能反映或只能部分地反映矿物集合体的总体成分特征。而以组成矿物的种类和含量为依据的方案，则可以直接地划分出岩石的组成特征，是岩石学中常用的岩石分类和命名方法。

借用岩石分类的原则，可以对翡翠进行分类和命名：当次要矿物的含量小于20%时，可以不参加命名，次要矿物的含量在20%~50%之间时，必须参加命名，次要矿物当作形容词放在前面，如含绿辉石硬玉玉，也可简称为含绿辉石翡翠，表示硬玉含量大于50%，绿辉石含量小于49%。

翡翠矿物成分分类对现在的翡翠商贸业有积极和重要的意义。由于，缅甸翡翠矿床的进一步开采，市场对翡翠需求的扩大，有许多以往没有见到的，或者以往没有被用作玉石的多种矿物的集合体被称为玉石，并具有相当的经济价值。这些新品种，有可能偏离了现在定义过于狭窄的翡翠范围。如何对这些品种给予适当的命名，对规范和发展翡翠市场都很重要。

二、翡翠的矿物成分与分类

由于翡翠是在特定的地质作用下形成的，组成翡翠的矿物组合也就受到地质作用的限制，实际的组合类型（即翡翠类型）（表3-5）少于可能的矿物组合，根据各种报道和世纪的观察，目前缅甸翡翠矿床产出的翡翠矿物成分类型有：

1.翡翠

凡是以纯硬玉、含铬硬玉、铬硬玉和绿辉石质硬玉为主要矿物，并且达到宝石级的集合体都可以称为翡翠，是最主要的翡翠类型。商贸上，对于以纯硬玉和含铬硬玉为主要矿物的翡翠，又根据不同的外观特征和质量划分成许多“种”，关于翡翠的各种品种，请参见第六章的相关内容。

在这一类型中，铁龙生是以铬硬玉为主要组成矿物的特殊品种，具有微透明或不透明的翠绿色的外观（参见图3-2），而与其他的翡翠品种有明显的区别。

表3-5　翡翠依矿物组成分类

类型	主要矿物	次要矿物	商业名称
翡翠	硬玉	角闪石、绿辉石、钠长石	翡翠
	含铬硬玉	角闪石	铁龙生
	绿辉石质硬玉*	钠长石、沸石	蓝水种
含绿辉石翡翠	硬玉、绿辉石	角闪石、钠长石	飘兰花种
含钠长石翡翠	硬玉、钠长石	角闪石、绿辉石	无
含角闪石翡翠**	硬玉、角闪石	绿辉石	飘兰花种
绿辉石翡翠	绿辉石	硬玉、绿辉石质硬玉	墨翠
钠铬辉石翡翠	铬硬玉钠铬辉石	硬玉、铬铁矿	干青种，墨翠

*绿辉石质硬玉是绿辉石和硬玉的固溶体，是含有绿辉石分子的硬玉，化学成分介于绿辉石和硬玉之间，缅甸的翡翠中少见，但危地马拉的翡翠中常见；
**带癣翡翠切磨出带有较多角闪石的部分，可成为含角闪石翡翠，甚至成为角闪石玉。

绿辉石质硬玉也是这一类型中较为特殊的品种，有些报道说，缅甸的翡翠中常常有绿辉石质硬玉出现，但是，根据作者的观察，缅甸的绿辉石质硬玉不多见，通常呈灰绿色，市场上往往被当作油青种。但是，这种类型的翡翠在危地马拉出产的翡翠中常见，通常是深绿色到墨绿色的粗粒集合体。

2.含钠铬辉石翡翠

翡翠中的钠铬辉石通常呈交代铬铁矿的产状，在翡翠中形成深绿色甚至墨绿色的深色斑点，构成翡翠的花青品种（图3-10）。

(a)

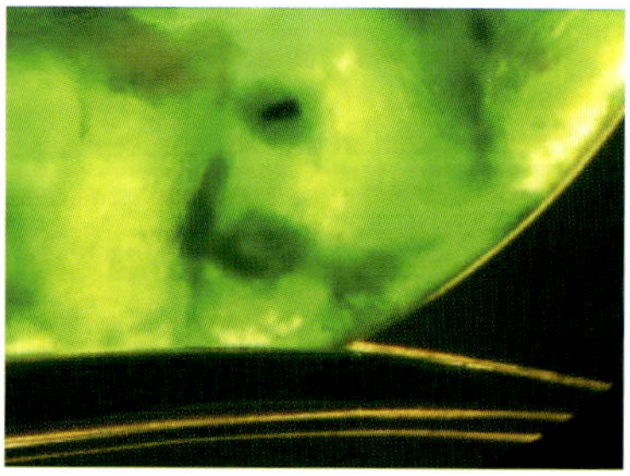

(b)

图3-10　含钠铬辉石翡翠的外观特征

(a)花青种的平安扣；(b)黑色（铬铁矿）和深绿色（钠铬辉石）的色斑

图3-11 硬玉+绿辉石组合

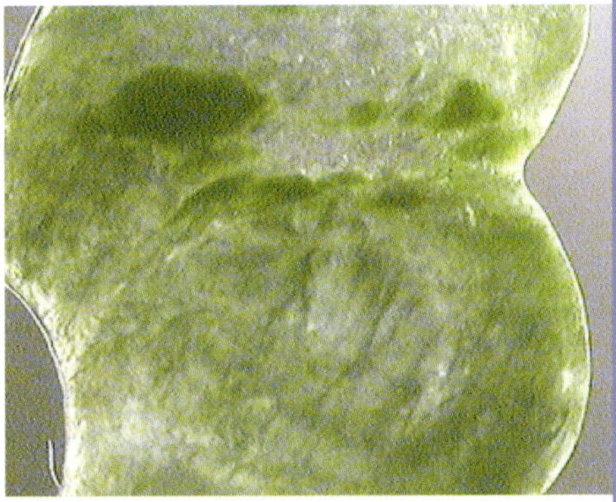

图3-12 绿辉石微晶组成的团块

3.含绿辉石翡翠

含绿辉石翡翠是指翡翠的组成矿物中明显地含有绿辉石矿物成分，从商业的角度考虑，含量在30%~70%都可称的为含绿辉石翡翠。这时绿辉石的存在对这一类型的翡翠的外观和质量都有重要的影响。最典型的含绿辉石翡翠是飘兰花种，绿辉石呈细脉状、丝线状、草丛状分布在白色或者浅灰白色的翡翠中（图3-11），而这些灰绿色的团块是由绿辉石的微晶组成的集合体（图3-12）。

4.含钠长石翡翠

缅甸的翡翠中含钠长石的翡翠较为少见。早期的研究报道中（Chhibber，1934），提到在翡翠矿体的两侧分布有钠长石带，从矿体的中央到外围，依次为硬玉岩—硬玉+钠长石岩—钠长石岩。但是，最近的有关缅甸翡翠矿床的报道都没有提到这种分带，作者观察的一个翡翠矿脉也没有见到这种分带的现象。最重要的是翡翠市场上较少见到含钠长石的翡翠，以前认为含有钠长石的“八三玉”，也被证实并几乎不含钠长石（吴云海，1998）[18]。作者仅见到少量的钠长石与

图3-13 含钠长石翡翠

翡翠共生的现象，收集到个别的标本(图3-13)，所以，含钠长石翡翠不是缅甸翡翠的重要类型，商贸上也没有出现描述这一类型翡翠的名称。

根据收集到的标本和观察，含钠长石翡翠常为中粗粒结构，钠长石成不规则的团块状分布在大块翡翠的边部，整块翡翠的透明度通常较好，以白色和浅紫色为主，有少量的绿色的翡翠和黑色的角闪石脉。钠长石集合体团块透明度往往较好，团块中钠长石成等粒状的细粒晶体，成分较为纯净。

5.含角闪石翡翠

角闪石是缅甸翡翠中最常见的次要矿物，分布很广，数量也可以有很大的变化，有些翡翠原石或者成品的角闪石含量甚至超过了50%。当一块翡翠的原石或成品的角闪石含量较多(20%~70%)时，可称为含角闪石翡翠。由于角闪石晶体粗大，颜色较深，通常对翡翠的外观产生不利的影响[图3-7(c)]。

图3-14 绿辉石翡翠——墨翠

6.绿辉石翡翠

绿辉石翡翠是绿辉石的含量大于50%的多晶集合体，是近年来才出现在翡翠市场上的新品种，颜色从中等深度的墨绿色到深墨绿色，颜色深的具有铁灰色的光泽，称为墨翠（图3-14）。绿辉石玉的透明度较低，通常是微透明，质地细腻，透射光呈蓝绿色，是绿辉石墨翠的典型特征之一。薄片下观察，绿辉石为微细粒长柱状晶体，有时出现放射状的结构，成分纯净，仅偶尔含少量的硬玉，其他的矿物未见。

但是，根据狭义的翡翠定义，绿辉石集合体不能称为翡翠，为了和传统的翡翠区别，称之为绿辉石翡翠。绿辉石翡翠有两个品种，颜色接近黑色的为绿辉石墨翠，颜色较浅呈灰绿色的称为绿辉石油青，市场上称为蓝水种(图3-15)。

绿辉石翡翠的成因和产状目前尚不清楚，市场可见到次生的绿辉石砾

图3-15 绿辉石翡翠——蓝水种

图3-16 绿辉石和硬玉相间的条带

石和原生的脉状的绿辉石，在个别样品上看到绿辉石和白色硬玉组成条带状，并且被后期的白色硬玉脉穿插（图3-16）。可见绿辉石与硬玉存在成因上的联系，是同一成矿作用的产物。

7.钠铬辉石翡翠

理论上钠铬辉石翡翠可以定义为以钠铬辉石为主要矿物组成的多晶集合体，但是，在翡翠市场上有两个品种可以归为钠铬辉石翡翠，一种是所谓的"干青"，称为钠铬辉石干青[图3-17（a）]，颜色呈绿色—深绿色，不透明，在矿物组成上钠铬辉石的含量在30%~60%，次为深绿色的高铬硬玉，当钠铬辉石较少时，颜色较浅，多时颜色深。还常见少量铬铁矿和个别的角闪石，铬铁矿具有被钠铬辉石交代的结构特征。

另一个品种是所谓的"乌鸡骨"，即钠铬辉石墨翠，颜色呈墨绿色到黑色，不透明，边沿如果透光则为翠绿色。矿物组成

（a）

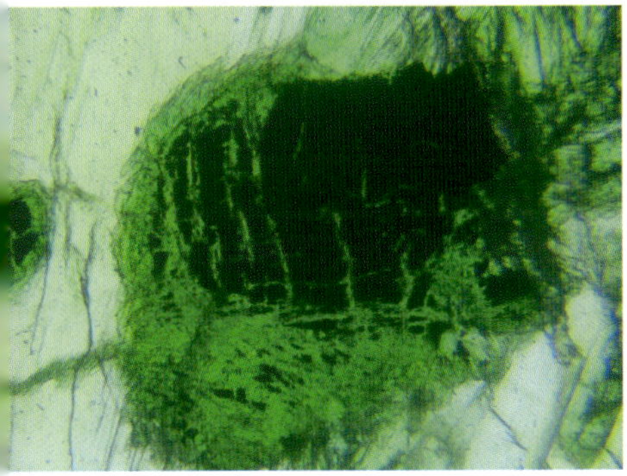

（b）

图3-17 钠铬辉石翡翠

（a）钠铬辉石墨翠；（b）交代铬铁矿的钠铬辉石微晶

上钠铬辉石含量50%以上，粒度很小，可成纤维状的微晶，含有数量不等的铬铁矿，铬铁矿具有明显的被钠铬辉石交代的结构特征[图3-17(b)]。

两个品种除了钠铬辉石的含量有区别以外，钠铬辉石的化学组成也有一定的差异，干青中钠铬辉石的Cr含量比墨翠中的钠铬辉石相对较低，当Cr含量更低时就成为高铬硬玉，同时，这些钠铬辉石还可以含有一定的绿辉石成分，这样，从矿物组成的角度，干青种的钠铬辉石含量就可能比较低一些，常常达不到50%。

比较纯净的钠铬辉石通常包围铬铁矿残晶，是铬铁矿被贫硅流体交代的产物。

8.钠铬辉石钠长石玉

钠铬辉石钠长石玉是瑞士宝石学家Gublin教授（1965）最先报道的，并把它称为磨西西(Mao-Sit-Sit)和Jadeitealbite（曾经被译为钠长硬玉），这种玉石的外观呈带有黑色斑块的翠绿色，不透明到半透明，通常透明度较差[图3-18(a)]。主要矿物成分是钠长石，含量大于60%，同时含有较多的钠铬辉石和含铬碱性角闪石微晶，这两种微晶和钠长石微晶均匀地混合，形成翠绿色的外观。角闪石和铬铁矿则形成黑色的斑块。

(a)

(b)

(c)

图3-18 含钠铬辉石钠长石玉

(a)磨西西外观；(b)糊状搅拌构造；(c)薄片中绿色的钠铬辉石微晶

钠铬辉石钠长石玉产于缅甸翡翠矿区的北部，地名即为磨西西，现在除了带有黑色斑块的品种外，还见有均匀的绿色，透明的白色和翠绿色的条带或者夹杂黑色的条带等。同时，在这一地区，还产出钠铬辉石翡翠，两者在外观上有些相似，加上他们都不是以硬玉为主的矿物成分，在硬度、相对密度等特征上与硬玉翡翠有较大的区别（表3-6），所以，当地的玉商常不加区别地把他们称为磨西西。

表3-6为各种翡翠类型及共生玉石的物理性质。

表3-6　各种翡翠类型及共生玉石的物理性质

类型	品种	相对密度	硬 度	折光率	吸收光谱	紫外荧光
翡翠	翡翠	3.28~3.40	6~7	1.66	红光区铬吸收线和蓝紫光区437nm吸收线	无–弱橙色
翡翠	铁龙生		6.5	1.67		无
含绿辉石翡翠	飘兰花		6~6.5	1.66		无–弱橙色
含角闪石翡翠	/		6~6.5	1.66		无
含钠长石翡翠	/		6~6.5	1.66		弱橙色
绿辉石翡翠	墨翠	3.34~3.39	6.5~7	1.67	透明度低，不透光	无
钠铬辉石翡翠	干青种，墨翠	3.50	5	1.70~1.75	透明度低，不透光	无
钠铬辉石钠长石玉	磨西西	2.70	5	1.54	透明度低，不透光	无
钠长石玉	水沫子	2.65	5	1.54	无	微弱

但是，钠铬辉石钠长石玉是以钠长石为主要矿物，不能看成翡翠的一种，只能算作与翡翠非常相似，又具有共生成因的一种玉石，或者说，钠铬辉石钠长石玉不是翡翠。

9.钠长石玉

钠长石玉是近几年才出现的新品种，又称“水沫子”，是以钠长石为主要矿物成分多晶集合体，钠长石含量达到85%以上、可含有角闪石、绿辉石和硬玉。如前所述，钠长石与硬玉具有共生的成因关系，往往分布在硬玉矿脉的外缘。钠长石玉在外观上与无色透明的冰种翡翠十分相似（图3-19），同时又可以含有角闪石、硬玉和绿辉石，所以，

(a)

(b)

图3-19 钠长石玉(水沫子)

(a)漂兰花的水沫子;(b)无色透明的水沫子

有人根据钠长石玉在成因和外观上与翡翠密切相关,把钠长石当作翡翠的一种类型。

由于钠长石在晶体结构、相对密度、硬度、折射率等方面与硬玉有很大的差异,很少人认同以上的观点。应该说,钠长石玉是和翡翠相似的玉石。

第三节　翡翠颜色的成因和分布特征

翡翠的颜色取决于其组成矿物的颜色。由于硬玉的颜色随杂质元素的种类和含量而呈不同的颜色,这一性质成为翡翠呈色的主要控制因素。除此以外,翡翠中的少量的次生氧化物矿物也会导致另外的颜色。翡翠颜色变化无穷,尤其是对翡翠原料内部颜色情况的判断非常困难,故有"神仙难断寸玉"的说法。但是,很多的研究和实践经验的总结表明,翡翠的颜色存在其变化的规律,与翡翠形成的整个地质作用过程的规律有密切的联系,了解目前已知的一些颜色变化的规律,对判断翡翠颜色的变化有重要的作用。

一、翡翠颜色的成因类型

翡翠的颜色成因有两大类型,即原生色和次生色。

1.翡翠的原生色

翡翠的原生色是指组成翡翠的原生矿物所产生的颜色,是翡翠主要的颜色类型，也是翡翠成为宝石的最主要的因素。翡翠原生色的色调很多，主要有：白色、绿色、紫色、墨绿色和黑色等。根据目前研究的成果，翡翠的颜色与其组成矿物的种类及其化学成分有关。透明到半透明的翠绿色翡翠与含铬硬玉有关，浅绿色翡翠与含少量Cr的硬玉有关，不透明的绿色翡翠与铬硬玉有关，紫色翡翠与含Mn硬玉有关，部分灰绿色翡翠与含绿辉石有关，翡翠中的黑色则多与角闪石有关。

2.翡翠的次生色

翡翠的次生色是指翡翠在地表或近地表经受表生地质作用，使翡翠的组成矿物分解或半分解，并在各种大小的裂隙、矿物晶粒之间的微裂隙中充填了氧化物、胶体物质、粘土矿物等而形成的颜色。主要的色彩有褐黄色、褐红色、灰绿色和灰黑色等。翡翠的次生色可分成氧化次生色和还原次生色两种类型。

(1) 氧化次生色

氧化次生色主要成分是Fe^{3+}的氧化物，形成的褐红色的翡翠，又称为红翡。是充填在翡翠的裂隙及颗粒间隙中含有高价铁的化合物造成的。由于次生氧化作用是由外而内的，红翡分布在翡翠籽料的外层，由外皮向内形成红皮—牛血雾—新鲜玉石的分带（图3-20），其中牛血雾的颜色往往比红皮的颜色还要深，也是天然红翡的颜色分布（色形）特征。次生矿物分布在翡翠的各种裂隙中，所以褐红色—褐黄色形成典型的树根状结构[参见图3-26（a）]。

一般情况下，褐红色翡翠的结构疏松、透明度较差、色彩不够鲜艳，属于中低档翡翠。

(2)还原次生色

还原次生色主要成分是含有Fe^{2+}的化合物，造成的灰绿色、褐绿色的翡翠，这种翡翠被称为油青种。是充

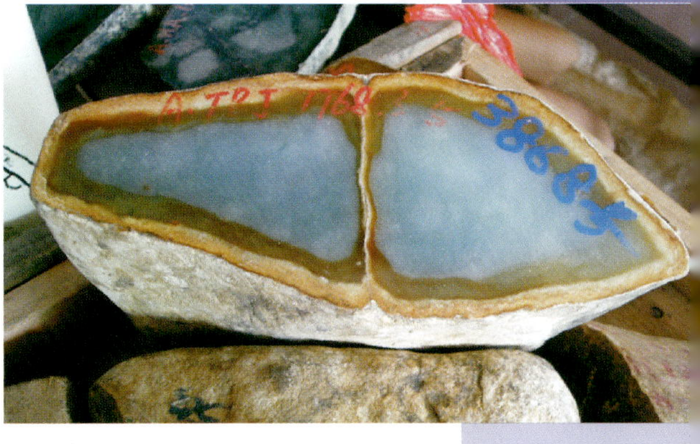

图3-20 红皮—牛血雾—新鲜玉石分带

填在翡翠的小裂隙及颗粒间隙中的含有低价铁的化合物造成的。这些次生矿物分布在翡翠的各种裂隙中，形成典型的树根状结构。同时油青色分布在翡翠籽料的次内层，由外皮向内形成黑皮—油青色—新鲜玉石的分带，油青色与新鲜玉石之间常具有非常清晰的界线（图3-21）。充填在翡翠小裂隙中的灰褐色物质形成典型的树根状结构[参见图3-26（b）]。

图3-21 黑皮—油青色—新鲜玉石分带

油青种的色彩灰暗不够鲜艳，但是透明度常常比较好。这也是油青种成为较常见的低档翡翠的原因。

各种次生色又可以叠加在原生色上，使原生色带上各种灰暗的色调，造成颜色的鲜艳度下降，行家把这种情况称为“底脏”。

二、翡翠的颜色分布特征

翡翠的颜色分布特征又可称为色形，翡翠的不同颜色有各自的分布特征，是认识翡翠的重要外观特征。

1.绿色

各种颜色翡翠形成的时间顺序可以根据翡翠的结构和构造特征进行分析，从切开的翡翠原石上，可以发现绿色翡翠是由绿色的硬玉集合体组成，脉状的翠绿色的或浓绿色的翡翠穿插在白色或浅紫色的翡翠之间，更进一步观察，还可以发现绿色翡翠多不均匀，绿色往往呈脉状，与周围的浅色翡翠界线较为截然。从更微观的角度上看，显微镜下可以发现绿色翡翠的粒度往往比较细，并且成细脉分布，穿插在早期的粗粒的翡翠之中，并且有交代粗粒翡翠的现象。这些结构和构造的特点都说明绿色翡翠形成的时期晚于白色及紫色翡翠，白色和其他浅色的翡翠在后一期次的成矿作用中，含有Cr的含矿溶液沿早期翡翠矿体的构造裂隙充填结晶，这种含矿溶液易于沿早期翡翠矿体的构造裂隙，微裂隙和粒间间隙活动，经过充填和交代作用形成脉状、网脉状和浸染状的绿色翡翠。这种脉状分布的形态，俗称色根。绿色翡翠矿脉是在翡翠主矿体形成之后，色根通常具有一定的宽度和长度，与周边无色的部分的界线较为分明（图3-22、图3-23）。

所以，绿色翡翠在空间分布上受到翡翠早期的构造和结构特点的控制。所谓的早期构造和结构特点，是指在绿色翡翠形成之前的构造和结构。一般来说，在绿色翡翠形成之后，早期的构造和结构都已受到不同程度的改造，通常只能根据绿色翡翠分布的形态来识别。根据矿床学原理，两个方向裂隙相交的位置，会形成较大的空间，这样的地方有利于形成更多的质量更好的绿色翡翠，即所谓的仓色。所以，如果在表面上看到有不同方向的绿脉，向内部延伸并可能交汇的话，内部就有形成仓色的可能性。

当早世代的硬玉组成质地致密的翡翠时，由于晶粒之间的孔隙小、后期的热液不易沿这些孔隙浸入和流动，所以不易于形成浸染状分布的大片绿色，只能形成细脉状的绿色。这种情况为行家总结成“水清不养鱼”的谚语，用来指导翡翠原石的质量评价。

2.紫色

紫色翡翠又称紫罗兰，是除了绿色以外另一种有价值的颜色。紫色翡翠以颜色可区分成三种色调：粉紫、茄紫和蓝紫。紫色在翡翠中的分布比较广，在绿色不多的翡翠上常常可见到紫色。但紫色的颜色比较浅，成片分布，与白色翡翠的界线模糊。从结构上紫色硬玉多为柱状到长柱状的中—粗粒晶体，有些紫色硬玉的晶粒可成巨粒状，

图3-22 呈脉状的绿色翡翠

图3-23 绿色翡翠的色根

图3-24 团块状分布的紫色翡翠

图3-25 斑点状的紫色色形

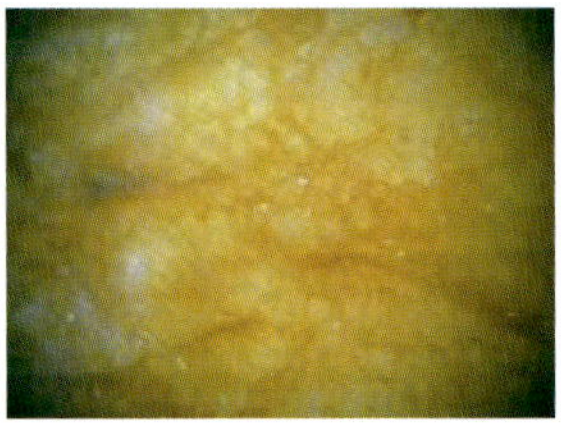

(a)

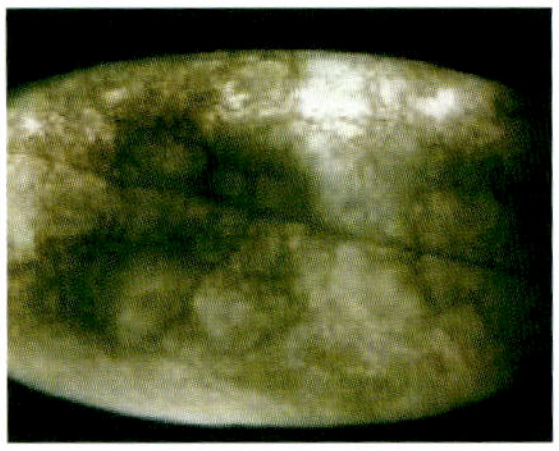

(b)

图3-26 次生色形成典型的树根状的色形

直径10mm。由于紫色硬玉晶体的透明度较好，所以同一块翡翠上紫色部分的透明度常常比白色部分要好一些。在形成的时间上，紫色硬玉属于较早世代，结晶时间与同一时代的白色硬玉一致或者略晚。紫色翡翠是由含Mn的紫色硬玉集合体组成，颜色比较浅。紫色翡翠通常成团块状分布，与白色翡翠没有明显的分界（图3-24）。在紫色的团块中也常有紫色深浅的变化，但是紫色呈斑点状，不具有脉状的特征（图3-25）。

3.褐红色、褐黄色

褐红色、褐黄色都是氧化次生色。与油青色的成因类似，是翡翠砾石在地表的风化作用下，原来浸泡在地下水中渗透到翡翠中的还原性的充填物受到氧化作用，造成颜色的致色剂集中在翡翠的组成矿物颗粒的间隙中和翡翠的小裂隙中，形成类似与染色的颜色分布特征[图3-26(a)]。

4.油青色

翡翠的油青色是一种还原次生色。还原次生色成因的灰绿色翡翠是翡翠砾石浸泡在地下水中，由于翡翠的毛细作用，地下水渗透到翡翠中，经过水岩反应，在颗粒的间隙中充填了绿泥石微晶和其他的非晶质的硅酸盐，形成灰绿色和褐绿色等色调，并在翡翠砾石的近表皮附近和沿裂隙的两侧分布，颜色较为均匀，但造成颜色的致色剂集中在翡翠的组成矿物颗粒的间隙中和翡翠的小裂隙中，形成类似与染色的颜色分布特征[图3-26(b)]。

5.灰绿色

由绿辉石造成的灰绿色的分布特征与油青种不同，常以微晶集合体的形式组成不规则的丝状、草丛状脉体分布在白色的翡翠中，被形象地称为飘兰花种。这些灰绿色的团块形态不规则，与白色部分有相当清晰的分界线。

图3-27 漂兰花种翡翠

6.墨绿色

墨绿色的颜色色调过深，商业价值较小，一般不受重视。翡翠形成这种颜色原因有：

(1)含暗色的包裹体

含暗色的包裹体的墨绿色翡翠通常呈脉状，是含有深色包裹体的绿色翡翠脉，并且与绿色脉相伴出现(图3-27)。

图3-28 条带状的干青种

(2)组成矿物为高铬硬玉

由于铬含量高，形成以高铬含量的硬玉或者钠铬辉石为组成矿物而呈墨绿色，这种高铬硬玉的成因尚不十分清楚，在一些翡翠毛料上见到墨绿色、白色及绿色组成的形成条带状构造(图3-28)。 色形的特征是：墨绿色比较均匀，由高铬硬玉为微晶集合体形成，其中通常含有铬铁矿，并被高铬硬玉交代(参见图3-5)。

图3-29 被次生色叠加的绿色翡翠红圈指示被灰绿色次生色叠加的绿色

(3)次生色叠加的影响

受次生色叠加的墨绿色翡翠，由于粒间间隙中充填了褐灰色或绿灰色的物质，使原来的绿色调加深，形成暗绿色和墨绿色的颜色(图3-29)。

7.黑色

从性质上看，缅甸翡翠中的黑色主要有三种类型，一是角闪石，二是风化作用造成的次生色。三是铬铁矿或者铬铁矿残余。

黑色角闪石又称为“癣”，常常和绿色翡翠相伴出现，故有“黑随绿走”或者“绿随黑走”的说法，有人认为，角闪石是在绿色硬玉形成之后，选择性地交代含Cr含Fe的硬玉，所以，黑色角闪石能跟着绿色的硬玉脉吃掉绿色；另一种看法是，角闪石形成更早，由于角闪石含有Cr、Fe等重金属元素，可以为翡翠提供绿色的致色剂，形成色源，所以，角闪石对翡翠的绿色既有危害性又有引导性。

图3-30 边界清晰的角闪石黑色色斑

角闪石的晶体粒度大，形成的黑色的色形特点是：大块的灰黑色，颜色的边界清楚，透射光下角闪石呈现褐色、灰黑色的颜色。块状的分布通常是角闪石造成的（图3-30）。

次生的黑色靠近翡翠籽料的外皮，可能是氧化锰或铁锰氧化物充填在硬玉粒间间隙造成的。倘若质地好、颜色深、均匀，也具有一定的价值，这种黑色与翡翠中的绿色无关。

铬铁矿残余或被交代成钠铬辉石的假象一般呈黑点状，并且从中心向外，绿色逐渐变浅，是铬铁矿周围深绿色硬玉铬的来源，在强光下往往呈翠绿色，这种黑点的形成早于绿色翡翠，并且多呈疏散的星点状分布（参见图3-9），对翡翠的质量影响相对较小。

第四节　翡翠的结构和构造特征

翡翠是特定的地质条件下形成的特殊岩石，在形成的过程中，发生硬玉晶体的结晶生长，挤压变形，溶蚀交代，多世代生长等过程。这些形成过程的证据，不仅反映在硬玉等矿物的化学成分变化上，更主要地反映在翡翠中不同的矿物集合体之间的空间特征，如条带状的色带，斑杂状的色带等构造特征上；更为微观地，还反映在组成翡翠的硬玉等矿物晶体颗粒的大小、形态、晶粒之间的空间和时间关系等结构特征上。结构构造不仅是研究翡翠形成条件的重要依据，也对认识翡翠的质量和品种的变化规律有重要的意义。翡翠的构造特征通常较为明显，可用肉眼观察，但对翡翠结构的研究一般都采用岩矿薄片和偏光显微镜的技术。由于这一方法会破坏翡翠样品，在应用上受到很大的限制，现在，可以使用阴极发光显微镜来研究翡翠的结构特征。

一、翡翠的构造类型和意义

从市场上大量的翡翠原石可观察到翡翠所具有的各种构造类型和特征，部分地弥补了难以实地观察翡翠原生矿体所具有的构造特征的不足。根据翡翠矿床的观察和市场上所见到的翡翠原石，翡翠常见的构造类型有：块状构造、脉状构造、角砾状构造、条带状构造、褶皱构造和弱片理化构造等多种类型。

图3-31　块状构造

1.块状构造

翡翠的块状构造是指其组成矿物排列无一定次序和方向性，无任何特点的形象，呈均匀的块体（图3-31）。块状构造反映岩石的形成过程较为单一，无多期次的成岩（成矿）作用。大量的现象说明缅甸的翡翠，经过多期次并且复杂的地质作用，所以块状构造虽然存在，但不是普遍或整体的现象，只是局部的构造特征。

2.脉状构造

脉状构造是翡翠原石中常见的一种现象，翡翠的绿色多以脉状的

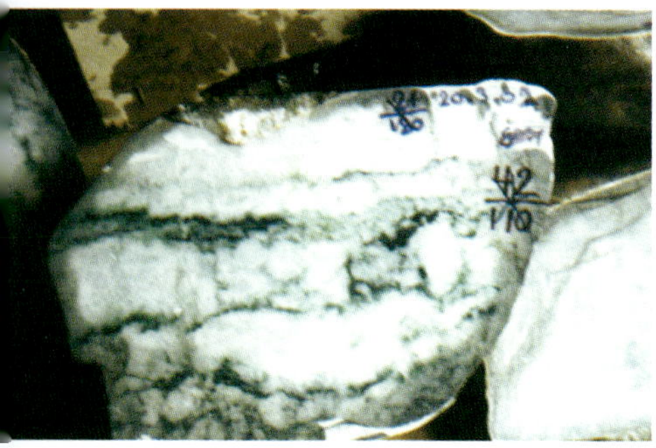

图3-32 条带状构造

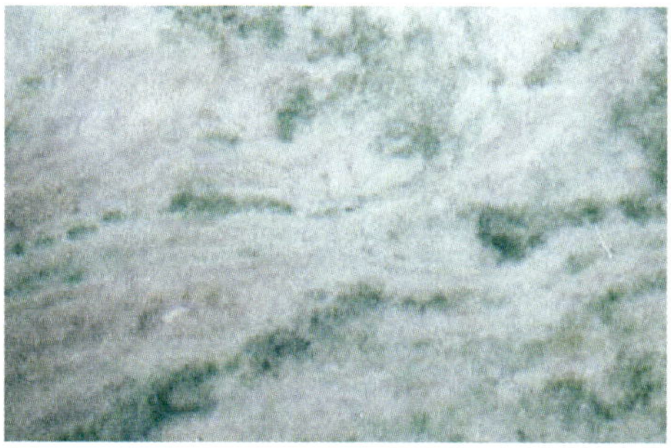

图3-33 脉状构造

图3-34 角砾状构造

形式出现在白色或浅色的基质之中。除了绿色的脉体以外，还出现有白色的、行家称为“石筋”的脉体，黑色的由角闪石组成的脉体，这两种脉体常常比绿脉形成的时间更晚，可能对翡翠的绿色造成破坏。绿色脉体则说明其也是较晚形成的（图3-32、图3-33）。

3.角砾状构造

在翡翠中有时可看到翡翠的绿色部分成形状不一的团块状被白色的部分所包围（图3-34），翡翠的紫色部分成形状不一的团块状被白色部分所包围，形成角砾状构造。角砾状构造是早期形成的翡翠被地质应力压破压碎后，随后形成的翡翠充填在破碎形成的空隙中，早期的角砾也会被溶蚀和交代，角砾状构造是说明翡翠形成的多阶段性特征的重要依据，也是认识翡翠形成规律的重要依据。

4.弱片理化构造

弱片理化构造是翡翠较为少见的构造特征，有些翡翠的原石风化表面上可出现平行薄层状的现象，层和层之间更易于裂开，组成矿物的颗粒也成压扁状平行层理的方向排列。但是在风化层下面的新鲜部分，没有层状分离的现象，称为弱片理化构造。说明部分的翡翠经过了很大的地质应力的挤压作用。这种情况与缅甸翡翠形

图3-35 褶皱构造

成的大地构造环境特征是一致的。

5.似晶簇构造

似晶簇构造是缅甸翡翠少见的构造类型，主要见于淡紫色的翡翠，其中硬玉的粗大晶体成束状的晶簇或者长成巨晶状。似晶簇构造反映出结晶的条件比较稳定，并且，受到的后期改造作用较弱，原生的结构和构造保存完好。

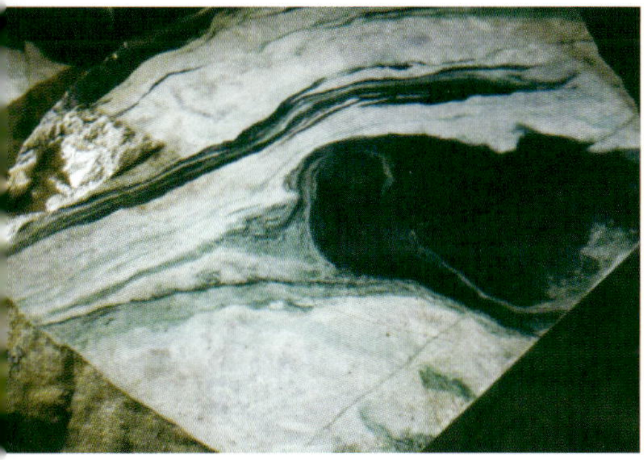

图3-36 流变条带状构造

6.条带状构造和褶皱构造

在少量的缅甸翡翠原石中发现有绿色、白色和黑色相间的条带状构造（图3-35），绿色和白色条带以硬玉为主要矿物成分，黑色条带则以角闪石为主，或者是铬铁矿、钠铬辉石等组合。具有这种条带状构造的翡翠经挤压和塑性变形，会进一步形成褶皱构造（图3-36）。

二、翡翠的结构类型和意义

翡翠中可观察到多种结构类型，常见的有：柱状镶嵌结构（图3-37）、柱状变晶结构（图3-38）、齿状镶嵌结构（图3-39）、纤维状结构（图3-40）、不等粒变晶结构（图3-41）、碎裂结构（图3-42）、交代结构（图3-43）、片理化结构（图3-44）、糜棱结构（图3-45）和环带结构（图3-46）等，这些结构指示了翡翠形成的地质条件，并且与翡翠的质地有重要的联系（表3-7）。

表3-7　翡翠中常见的结构类型特征和意义

结构类型	特　　征	意　　义
柱状镶嵌结构	硬玉颗粒呈柱状或短柱状体，无明显方向性地互相接触，边界平直，晶粒往往比较粗大	原生结构，没有或少受到后期地质作用的改造，但颗粒之间结合不紧密，具这种结构翡翠的透明度较差
柱状变晶结构	组成翡翠的晶粒成柱状体，排列有一定的方向性，晶粒之间的接触边界较为平直	受到应力变质作用的改造，是翡翠中最常见的结构类型
齿状镶嵌结构	组成翡翠的晶粒形态多为不规则，但粒度较大，中至粗粒，晶粒之间的接触边界呈齿状交错	由重结晶作用导致，颗粒镶嵌紧密，透明度较好
纤维状结构	纤维状的硬玉晶体呈放射状排列或无定向地交织排列。常见穿插于白色翡翠中的绿色细脉和优质的翡翠中，晶体多较为细小	因环境条件不稳定，晶体快速结晶形成，晶体通常较为细小，结合紧密，透明度好
不等粒变晶结构	有两种粒度明显不同的晶粒：粗粒的常呈柱状，有一定的方向性；细粒的呈脉状体穿过粗粒的硬玉	不同粒度的硬玉形成时间不同，细粒的形成较晚，通常是带绿色的细脉
碎裂结构	有部分硬玉颗粒破碎成外形不规则的带棱角的碎屑	翡翠形成之后，又遭受地质应力的挤压造成的，在翡翠中比较常见
交代结构	铬铁矿被交代后，中心为铬铁矿残余，外圈为钠铬辉石或铬硬玉，并沿着铬铁矿的解理裂隙进入到内部	交代变质作用的产物，指示翡翠成矿的地质作用类型
片理化结构	硬玉晶体的形态细长，并定向排列，并可造成猫眼效应	指示硬玉晶体在强大压力的挤压下发生重结晶作用
糜棱结构	硬玉沿解理碎裂成细小的颗粒，颗粒的排列具有较为一致的方向	翡翠在强烈的应力作用下，颗粒破碎并重结晶，形成微粒粒度，是优质翡翠的一种结构
环带结构	阴极发光下硬玉晶体显示发光颜色和强度不同的环带	指示硬玉生长结晶过程中，结晶条件的变化，硬玉晶体成分的变化

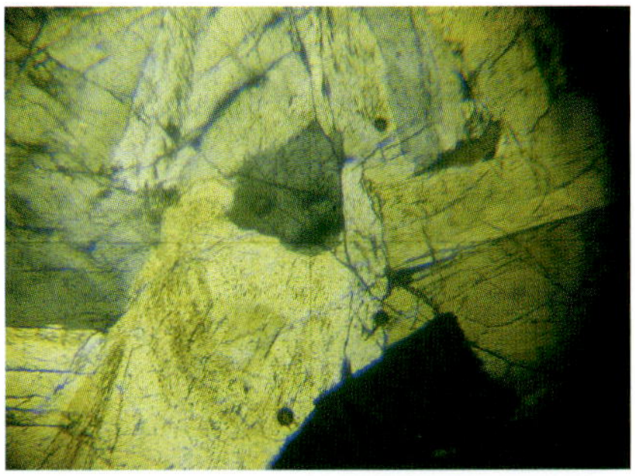

图3-37 柱状镶嵌结构

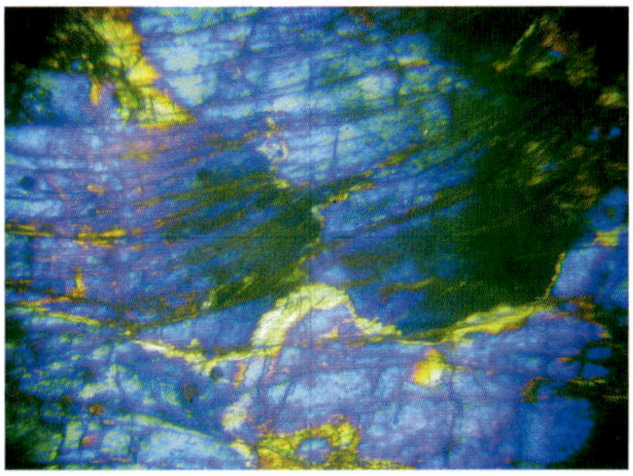

图3-38 柱状变晶结构

图3-39 齿状镶嵌结构

图3-40 放射状纤维状结构

图3-41 不等粒变晶结构

图3-42 碎裂结构

图3-43 交代结构

图3-44 片理化结构

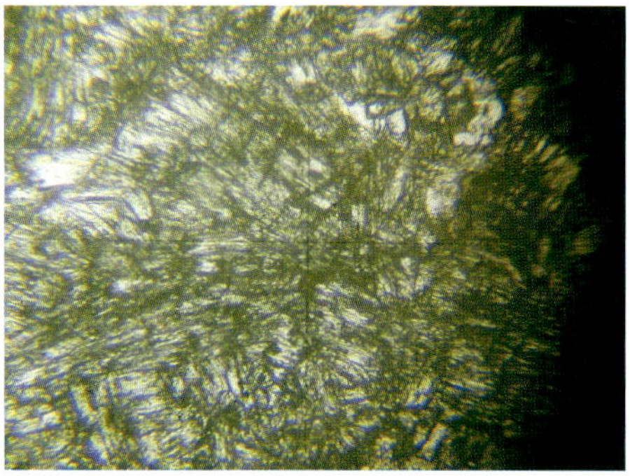

图3-45 糜棱结构

图3-46 环带结构(阴极发光)

欧阳秋眉(1997)根据结构特征得出的结论[19]:硬玉晶粒细的、致密镶嵌结构的翡翠透明度高，是优质翡翠必须具有的结构基础；粗粒和疏松结构的翡翠的透明度低、玉质粗是劣等种质的翡翠。

黄凤鸣等(2000)[15]对翡翠结构与质地进行研究后认为，两者之间存在着一定的对应关系：透明度高的翡翠经历了一定的后期地质作用的改造，如重结晶作用或交代作用，具有纤维状结构或微粒状紧密镶嵌结构等结构类型；透明度不太好的翡翠品种，经后期地质作用改造不明显，或受到的影响比较轻微，多具有细粒镶嵌结构和碎斑变晶结构；而透明度差的豆种翡翠一般未经过后期地质作用的改造，多具有不等粒镶嵌结构，细–中粒的柱状镶嵌结构等。具脉状、斑点状和团块状绿色的翡翠样品中，绿色部分的颗粒细，多呈微粒状镶嵌结构或纤维状交织结构等。黄凤鸣等又认为，在结构特征相同的条件下，矿物成分较单一的翡翠，质地相对较好。

参考文献：

[1] 邹天人，於晓晋，夏凤荣等.翡翠的单斜辉石类矿物研究.宝石和宝石学杂志，1999，1(1)：27~32.

[2] 欧阳秋眉.翡翠鉴赏.香港：天地图书公司，1992.

[3] 袁心强，杜广鹏，陈晓燕.翡翠的UV-VIB-NIR光谱的特征.宝石和宝石学杂志.2003，5(4).

[4] 亓利剑，郑曙，谭振宇.缅甸辉玉常见的种属与宝石学特征.珠宝科技，1998，(1)：51~56.

[5] 欧阳秋眉，玉的定义、命名及种质分类，武汉：97全国宝石学会议报告，1997.

[6] 亓利剑，罗永安，吴舜田等.缅甸“铁龙生”玉特征与归属.宝石和宝石学杂志，1999，1(4)：23~27.

[7] 陈炳辉，丘志力，张晓燕.紫色翡翠的矿物学特征初步研究.宝石和宝石学杂志，1999，1(3)：35~39.

[8] 袁心强等.缅甸翡翠阴极发光表征.宝石和宝石学杂志，2005，7(2)：9~13.

[9] G. R. Rossman Lavenderjade-the optical spectrum of Fe^{2+}→Fe^{3+}Intervalence charge transfer in jadeite from Burma. American Mineralogist，1974，(59)：868~870.

[10] Ou Yang. A Terrestrial Source of Ureyite. American Minerologist，1984 (69)：1180~1183.

[11] H.A.Hinni，J.Meyer，Maw-sit-sit，产于缅甸的一种成分复杂的变质岩，武汉：全国宝石学会议资料，1996.

[12] 崔元文，施光海，林颖.钠铬辉石玉及相关闪石玉(岩)的研究.宝石和宝石学杂志，1999，1(4)：16~21.

[13] 郑楚生，郭凯文.缅甸翡翠发现新类型——含绿辉石翡翠及其鉴定特征.中国宝玉石，1988(1)：5~7.

[14] 欧阳秋眉，曲懿华.俄罗斯西萨彦岭翡翠矿床特征.宝石和宝石学杂志，1999，1(2)：5~11.

[15] 黄凤鸣，古清慧，邹严寒.翡翠的成分和结构特征及其与种或地的关系.宝石和宝石学杂志，2000，2(2)：7~14.

[16] 欧阳秋眉.翡翠的矿物组成.宝石和宝石学杂志，1999，1(1)：18~24.

[17] 张仁山.翠钻珠宝.北京：地质出版社，1983.
[18] 吴云海.八三玉的特征及其鉴别.云南地质，1998，17(3/4)：286~293.
[19] 欧阳秋眉.翡翠ABC.香港：天地图书有限公司，1997.

第四章　翡翠的品质要素和评价

评定翡翠的品质，是认识翡翠的一项重要也是最基本的内容。但是，翡翠的品质划分一直被认为是最为困难的工作，至今在珠宝界还没有达成共同的认识，没有统一的对翡翠品质划分的方案，更不用说是建立在品质分级基础上的翡翠价格的报价了。这种情况，与翡翠本身具有的商品规模不相适应，同时也对翡翠商业的发展产生不利的影响，与翡翠商贸相关的各界人士对此已有普遍的共识。

品质分级困难的主要原因是因为翡翠制品的外观非常多变，影响到外观变化的因素多，例如欧阳秋眉（1992）在《翡翠鉴赏》一书中提出“4C 2T 1V”的评价原则，影响因素达到7个。而且，每一个影响因素本身又有多种要素，例如颜色，要遵从“正、浓、阳、匀”4个要素，或者依传统的分法“三十六水（绿），七十二豆（绿），一百零八蓝”。按这样的方法，翡翠分级评价较为繁杂，在实践中不易掌握。

实际上，影响翡翠品质的不同因素之间有内在的联系，是由翡翠矿物成分、化学成分以及形成的条件所决定的。可以通过采用适当的分级方法把不同的因素互相关联，使之不必分开单独分级和评价。通过这些方法，可以构造更为简单的分级体系，更便于在实践中应用。

第一节　翡翠的颜色要素

翡翠的颜色有多种色调，在本书第三章中已经论及，常见有黄色、红色、紫色和绿色等色彩，在商贸上最关心的是绿色的翡翠，因为它的颜色差别大，对翡翠价值的影响也最大。优质翡翠的绿色要达到“正、浓、阳、匀”的要求。所谓“正”，指的是颜色的色彩（色调），如翠绿、黄绿、墨绿、灰绿等等。“浓”指的是颜色的饱和度（深度），即颜色的深浅浓淡。“阳”指的是颜色要鲜艳明亮，受颜色的色调和浓度的控制。“匀”指的是均匀程度，所以颜色（绿色）的好坏取决于色彩、浓度和匀度3个要素[1,2]。

一、绿色翡翠的色彩

翡翠的绿色有多少色调是难计数的，几乎每一块翡翠的颜色都有区别，传统上用各种术语（参见表4-1）来描述翡翠的绿色，这种方法不仅具有过于繁杂的问题，而且也没有抓住翡翠绿色色调变化的主要原因。

实际上，翡翠的绿色受蓝色、黄色、褐色和灰黑4种色调的影响，其中褐色和灰黑产生的效果是一样的，可以看成一个因素。纯正的绿色，添加入这些色调之后，就产生出各种色调的绿。其中蓝色调可因硬玉的化学成分中较高的铬含量或者铁（以及Ca、Mg）含量而产生，也可因矿物组成中出现绿辉石而产生；黄色调可能来自于次生的氧化物或者其他尚未了解的化学成分特征；褐色调和灰黑色调都是由次生氧化物造成的。根据这些因素，去繁存精，翡翠的绿色可以划分成下面的主要类型：

（1）翠绿色：纯正的绿色到稍微带蓝色调的绿色，包括传统上所讲的宝石绿、祖母绿、玻璃绿、艳绿等（图4-1、图4-2）。

图4-1 翠绿翡翠观音（博观拍卖）

图4-2 翠绿翡翠豆荚（博观拍卖）

表4-1 翡翠颜色的各种术语及特征

术语		特征
①因绿色色调得名的术语	翠绿	绿色纯正，色泽鲜艳，分布均匀，质地细腻，是翡翠中的最佳品，价格较昂贵，可与祖母绿媲美
	艳绿	绿色纯正，色浓而艳，色偏深时为老艳绿
	黄阳绿	鲜艳的绿色中略带黄色色调
	葱心绿	似葱心娇嫩的绿色，略带黄色色调
	阳俏绿	绿色鲜艳而明快，如一汪绿水，色正但较浅
	鹦哥绿	颜色似鹦哥绿色的毛，色艳但绿中带有黄色色调
	金丝绿	绿色如丝线状，浓且艳丽
	豆青绿	色如豆青色，颜色中带有微蓝的色调，颜色明快，是一种不错的颜色，过去有“十绿九豆”的说法
	瓜青绿	如瓜皮的青绿色，常称为偏蓝的绿色，颜色不够明快，是目前市场上最多见的翡翠颜色
	水绿	色较豆青绿浅，但均匀的绿色
	蓝水绿	带有蓝灰色调的浅绿色
	菠菜绿	颜色如菠菜的绿色，绿色暗而不鲜艳
	油青	色不鲜艳，发暗。凡黑灰浅或色不正的油青价值都不高
	墨绿	颜色深到近乎黑色，但还带有绿色的色调
②因绿色的形态得名的术语	点子绿	绿色呈较小的点状，点与点之间没有联系，似满天群星
	疙瘩绿	绿色呈较大的块状，块与块之间不相联接
	丝片绿	由绿色小丝片联接而组成的绿色
	靠皮绿	也称膏药绿，仅分布于翡翠的外皮，常给人以色多或满绿的假象
	底障绿	没有明显的绿丝、绿块，为一种均匀浅淡的绿色
③其他的颜色与名称	紫罗兰	各种深浅的粉紫、茄紫和蓝紫色
	粉紫	红色调比较明显的浅紫色
	茄紫	如同茄子颜色的浅紫色
	蓝紫	带有蓝色调的紫色，有时紫色调很弱，几乎看不出来
	红翡	呈褐黄-褐红色翡翠的通称，也可以只指褐红色的翡翠
	黄翡	呈灰黄-褐黄色的翡翠
	福绿寿	褐红色（褐黄）、绿色、紫色3种颜色同时出现在同一块翡翠上
	三彩	同时出现有绿色和紫色、或者绿色和褐红（黄）色的翡翠

图4-3 豆青色翡翠佛陀（博观拍卖）

（2）阳绿色：稍带有黄色调的绿色，这种绿色非常明快和悦目。包括传统上所讲的黄阳绿、鹦哥毛绿、葱心绿、金丝绿等。

（3）豆青绿：一种稍微偏蓝色或者其他偏色的绿，绿色较浓，但是不如翠绿浓郁，没有阳绿鲜艳，又比瓜青绿鲜艳，也是一种较为悦目的绿色（图4-3）。

（4）瓜青绿：较深的蓝绿色，不仅含有蓝色调，常常也含有灰色调的绿色，行家常说是偏蓝色，如同青绿色的丝瓜，故用此名称。瓜青绿与豆青绿和翠绿比较，颜色更深，鲜艳度更差，灰褐色或者蓝色成分更为明显。

（5）墨绿色：是带有较多灰黑或者褐色成分的墨绿色，如同菠菜叶的绿色和西瓜皮的深青绿色，与瓜青色的不同之处在于颜色很深，发暗，在一般的灯光下如同黑色。

（6）油青：是灰绿、褐绿色调，与墨绿色的不同在于颜色较浅，绿色调不足。

二、翡翠颜色的浓度和色级

颜色的深浅也是翡翠颜色质量的重要因素，而且有时颜色的深浅，也会导致色调改变，比如翠绿色如果特别的浓特别的深，就会变成墨绿色，因为大多数入射的可见光都会被吸收，反射出来的绿光也很少，含铬很高的硬玉就是这种情况的最好例证。

颜色浅，一般就没有什么价值，不论是什么色调，即使是翠绿色，如果颜色很浅，与浅色的豆青绿就没有什么区别。实际上翡翠绿色很浅情况，往往不当作“翠”，而是当作底色。只有在整个翡翠制品呈浅绿时，浅绿色才会被当作绿色来评价。此外有个别的色调只能出现在颜色很浅的情况下，所以，对翡翠颜色深浅的因素可采取与色调综合在一起的简化办法，在色调分级的基础上加入浅绿和淡绿两个级别，不再作为独立的参数考虑。综上所述，翡翠的颜色从优到劣可以划分成8级，如图4-4和表4-2所示。

图4-4 翡翠的颜色类型和色级
从左到右依次为：瓜青、翠绿、阳绿、豆青、浅绿、淡绿

表4-2 绿色翡翠的色级

色　级	特　征
翠　绿	达到正、浓、阳的绿色，绿色浓郁，稍有暗的感觉
阳　绿	色调上比翠绿略为偏黄，浓度稍浅，绿色鲜艳
豆青绿	稍带蓝色调的绿色，浓度中等，绿色较鲜明
瓜青绿	带蓝色调的绿色，并可带有少量的灰褐色调，颜色较暗，不够鲜艳
浅　绿	各种色调的浅绿色，如苹果绿，常为偏黄的绿，也可带少量的灰褐色调，偏黄的浅绿较为明快，灰褐色调的浅绿则较为沉闷，较前者差
淡　绿	各种色调的淡绿色，行家称之为“晴”，一般作为底色，但带灰褐色调的与油青接近，较差
暗　绿	带灰褐色调的绿色，如同菠菜叶的颜色，颜色更深时成为墨绿色
油　青	灰绿色、灰蓝绿色、灰褐绿色等

三、翡翠的底色和均匀性

底色指翡翠绿色色斑以外的颜色，在行业上也称之为“底子”、“地张”等。识别底色是认识翡翠的一个重要方面，因为底色的色调、深浅都会对翡翠的主色调——绿色产生影响。

翡翠常见的底色有无色、白色、浅黄色、褐灰色、灰色、浅绿色、淡紫色、灰绿色等各种色调。当底色的色调与绿色相近或一致时，翡翠的绿色会得到加强，更为浓郁，对表现绿色较好的底色是无色、白色、浅绿色、淡黄色等（图4-5）。其他色调往往会降低翡翠的颜色的浓艳程度。

图4-5 翠绿白底的翡翠（博观拍卖）

底色对绿色之间影响的程度取决于：①底色的色调，底色调与体色越接近越好；②底色的浓度，一般地说，底色不宜太浓；③底色所占的比例越大，影响也越明显；④翡翠的透明度，透明度较高，底色的影响相对减弱。

翡翠的底色可由多种原因造成，例如褐色调和黄褐色调的底色，往往由充填在翡翠颗粒间隙中的褐铁矿等氧化物所造成的（图4-6）；浅紫、浅绿等色调与翡翠所含的致色元素有关；蓝绿色调往往与硬玉含有一定量的铁、钙

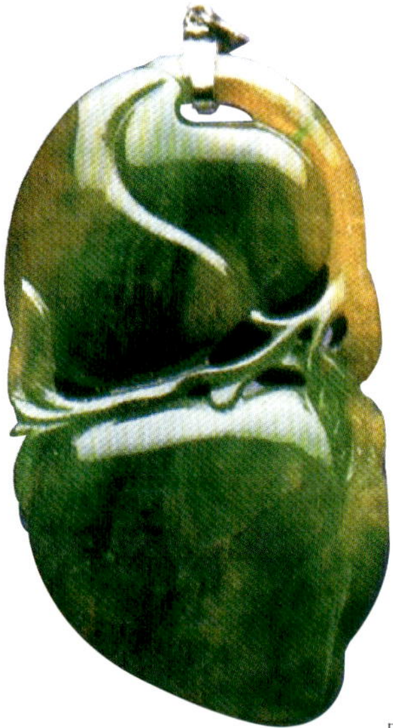

图4-6 底色较脏的翡翠

和镁杂质成分或者翡翠中含有绿辉石矿物有关。为了消除黄灰色底色对绿色的不利影响，传统上就有采用杨梅汤等弱酸来漂洗翡翠的作法。近十多年来，又有用强酸漂洗翡翠的做法。部分B货翡翠，由于漂洗非常强烈，黄褐色的底色都被除去，使翡翠的绿色更鲜艳。但是，B货翡翠无黄褐底色的现象，也成为鉴定B货翡翠的一个重要特征。

底色对翡翠颜色的最大影响在于底色出露的多少，或者说绿色的分布占多大的面积（从正面观察）或体积（整体观察），即颜色的均匀度（表4-3、图4-7）。均匀度可以严格地按绿和底的比例进行分级，绿色占90%~100%为极均匀，90%~80%为均匀，80%~70%为较均匀，70%~50%为尚均匀，50%~30%为欠均匀，30%以下为不均匀。在实际应用时，还可考虑翡翠与底色之间的反差强弱。如果底色和绿色溶合较好，可以放宽以上的尺度。

表4-3 翡翠颜色的均匀性划分

均匀性	特　　征
极均匀	在明视距离下（25cm）肉眼看不出颜色不均匀，有色部分占90%~100%
均　匀	在明视距离下肉眼略为看出颜色不均匀，有色部分占80%~90%
较均匀	在明视距离下肉眼较容易看出不均匀，有色部分占70%~80%
尚均匀	在明视距离下肉眼容易看出不均匀，有色部分占50%~70%
欠均匀	在明视距离下肉眼明显看出不均匀，有色部分占30%~50%
不均匀	在明视距离下肉眼明显看出不均匀，有色部分占10%~30%

也可以采用目视估计的分类方法，在明视距离下，肉眼看不出颜色不均匀的极为均匀；略为看得出不均匀的为均匀；较易容易看出不均匀的为较均匀；容易看出不均匀的为尚均匀；看上去明显不均匀的为欠均匀；看上去极明显不均匀的为不均匀。这一方案包含了对反差因素的考虑[3,4]。

图4-7 翡翠颜色的均匀度

上排（由左至右）：极均匀、均匀、较均匀，下排（由左至右）尚均匀、欠均匀、不均匀

第二节　翡翠的种质要素

“种质”与传统的“地子”或“地张”的概念较为接近。所谓的地子或者地张，按传统的说法，是指翡翠中除了绿色以外的部分都称为地子，而地子的好坏提现在色、石性和水头三个方面，石性是指棉、石花和纹理等，水头是透明程度，色指的是淡色的色调，“地子”的概念几乎所不包。如果排除传统地子中概念中关于颜色、石花等内容，就能建立更为简单，更易于理解的概念和单一的品质要素—种质。种质可定义为：翡翠的透明度与结构的组合。特定的透明度与结构的组合，就是一个种质类型。现在，也把种质简称为“种”。为了更好地理解种质和种质类型，先讨论翡翠的结构和透明度[5]。

一、结构因素

对翡翠的研究往往很关注翡翠的结构，尤其是关注组成矿物之间的相互关系，因为翡翠的结构中包含有翡翠形成的地质过程和条件的信息（参见第三章），但从翡翠质量的角度，结构的重要性在于对“玉德”的影响，即“玉的性质”的影响。玉最重要的特性就是光泽、温润、缅密。这些性质与结构的关系密切，尤其是与翡翠组成矿物颗粒的大小以及矿物颗粒之间结的合紧密程度最为密切。如果翡翠组成矿物的粒度小，颗粒之间的孔隙也小，结合就致密，透明度就好，翡翠就更具有光泽温润的外观，所以，对种质影响最大的结构因素是组成矿物的粒度（图4-8、图4-9）。

以肉眼观察为基础，可把翡翠的粒度划分成粗粒、中粒、细粒和微粒4种类型。矿物个体大于2mm为粗粒；1~2mm的为中粒；0.2~1mm的为细粒，小于0.2mm为微粒。中、粗粒者在肉眼下易见，并可根据所见到的颗粒估计大小，细粒者在肉眼下难见，往往要借助于放大镜，微粒者肉眼看不出颗粒现象，用放大镜也往往看不出颗粒现象（表4-4）。

图4-8 较粗粒的翡翠（阴极发光）

图4-9 微细粒的翡翠（阴极发光）

表4-4 翡翠的粒度划分

类　型	微晶的大小	特　征
粗　粒	平均直径大小2mm	肉眼颗粒现象非常明显，翡翠的质地较粗
中　粒	平均直径1~2mm	肉眼可见颗粒现象
细　粒	平均直径0.2~1mm	肉眼难见颗粒现象
微　粒	平均直径小于0.2mm	肉眼看不见颗粒现象

具体的一块翡翠，其组成矿物的大小（粒度）可能会有很大的变化，有些矿物个体的粒度很大，另一些可能很小，属于细粒粒度（图4-10、图4-11）。所以，翡翠的粒度应根据组成矿物的平均大小，或优势的粒度大小来判定。对于以细粒为主，同时存在少量明显偏大的颗粒的情况，这是，把大颗粒的矿物称为斑晶，细粒的称为基质，同时把这种现象称为斑晶结构。

如果组成翡翠的矿物粒度大，而且明显，传统上称这种现象为“豆”，颗粒较大的称为粗豆，对可见到颗粒，而且透明度不佳的称为“粗豆种”，“水豆”则用来形容粒度大但透明度较好的翡翠。总之，“豆”表示较为粗大的粒度，一般地说，不是高档翡翠的属性。

图4-10 粒度细的翡翠

图4-11 粒度粗的翡翠

二、透明度

透明度是指物体透过可见光的能力。翡翠的透明度变化很大，从接近于玻璃般的透明程度到不透明，透明度的不同对翡翠的外观有直接的影响。透明度较好的翡翠，具有温润柔和的美感，透明度差的翡翠，则显得呆板缺少生气，透明度是种质的主体。

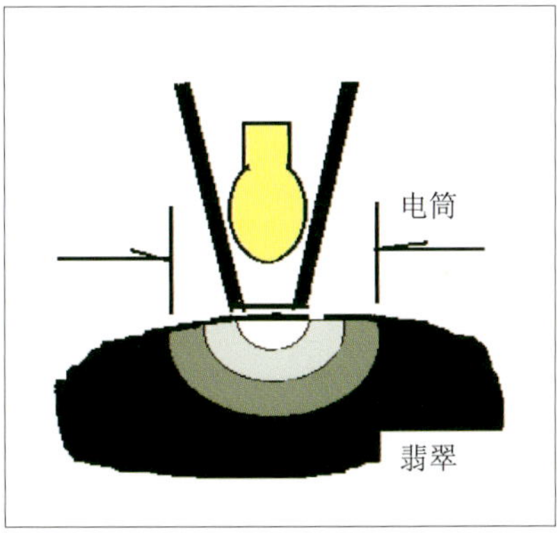

图4-12 翡翠水头的含义

传统上称翡翠的透明度为水头，用水长，水短来描述翡翠的透明程度。传统上用不透光的挡光片（如洋铁片）架在翡翠上遮挡住太阳光，观察太阳光线在翡翠中的渗透所及范围的大小，定量地衡量透明度的好坏（图4-13），如果光线渗入达9毫米，则称为3分水（1分等于3毫米），达3毫米称1分水等等。

并依此可以把透明度划分成透明、亚透明、半透明、微透明和不透明等五个级别(表4-5、图4-13)。现在人们上常用聚光手电来观察光线深入翡翠内部的程度,来确定翡翠的透明度。

表4-5 翡翠透明度的划分

透明度	水 头	描 述
透 明	3分水以上(9mm以上)	似玻璃,透过翡翠的字迹可见
亚透明	2~3分水(6~9mm)	透明度稍逊,透过翡翠的字迹呈模糊状
半透明	1~1.5分水(3~4.5mm)	透过翡翠看不清字迹
微透明	半分水(0.5~1mm)	边缘薄处能透光
不透明	基本不透光(小于0.5mm)	如同石膏

图4-13 翡翠的透明度

从左到右依次为:透明、亚透明、半透明、微透明、不透明

在评价翡翠的透明度时,尤其是估计透明度对颜色的可能影响时,还要注意所谓的“照映”的作用。照映是指翡翠局部的颜色因光线的传播而扩散到色斑范围外的作用。透明宝石是利用抛光的刻面来达到使色斑的局部颜色扩展到整个宝石。翡翠则要依靠光线的漫反射作用来达到这一目的。翡翠照映作用最为有利的是半透明的种质。在半透明的翡翠中,通过色斑的光线经色斑的选择性吸收之后成为绿光,不直接射出翡翠,而是被翡翠的颗粒反射,就会把颜色带到无色或浅色的区域,使翡翠的色斑扩大。如果翡翠不透明,就不会产生照映,翡翠过于透明也不利于照映。

三、质地的品质类型和划分

传统的地子类型，就可以在这一前人成果的基础上，建立符合翡翠客观规律的种质类型，达到对翡翠进行系统的品质分级的目的。据此，翡翠种质从优到差到划分成，玻璃地、冰地、藕粉地、冰豆地、水粉地、水豆地、豆地、粉地、瓷地和石地（表4-6、表4-7）。

在影响种质的透明度和结构（主要是粒度）这两个因素中，透明度是主要因素，粒度大小是辅助因素。对种质好坏首先是通过透明度来认识，尤其是透明度好的翡翠，它的粒度大小往往只能用特殊的方法才能准确识别，一般地说，透明度越好，颗粒越细，种质越好。

表4-6　翡翠种质类型的描述

类　型	级　别	种质特征（透明度、粒度）
玻璃地	优	透明，细-微粒，种质细腻，无石花、石纹，如同玻璃
冰　地	优	透明，中-粗粒，外观上质地细腻，略有石花，如同冰凌
藕粉地	优	亚透明，细粒，外观上种质细腻，如泡开的藕粉
冰豆地	好	半透明，中-粗粒，外观上粒度大，晶粒明显
水粉地	好	半透明，细粒，外观上种质细腻，石花重，透明度较差
水豆地	中等	半透明，中-粗粒，外观上可见晶粒，但颗粒的界线模糊
粉　地	中等	微透明，细粒，外观上晶粒不明显
豆　地	差	微透明，中-粗粒，外观上晶粒明显可见
瓷　地	差	不透明，细粒，外观上透明度不好，如同瓷器
石　地	差	不透明，粗粒，外观上粒状结构清楚，如同石头

表4-7 翡翠的种质类型

	透　明	亚透明	半透明	微透明	不透明
细粒	 玻璃地	 藕粉地	 水粉地	 粉 地	 瓷 地
粗粒	 冰 地	 冰豆地	 水豆地	 豆 地	 石 地

第三节　翡翠的净度特征和净度

净度特征是指能够影响到宝石外观的完善性的各种现象，对翡翠而言，有石花、黑点，翠性闪光（解理裂隙），杂色的色带（斑），石纹和裂纹等。净度则是指宝石所含有的净度特征对外观影响的程度。“净度”是宝石学中对宝石品质进行评价的重要概念。习惯上，也把净度特征称为瑕疵，因为绝大多数的净度特征对宝石的美观产生负面的影响[6]。

一、翡翠净度特征的类型和识别

1.翠性闪光

翠性闪光是由翡翠组成矿物的解理面造成的，对翡翠外观的影响小，有时还可能是正面的影响，更详细的内容可查阅本书第三章。

图4-14 次生氧化造成的褐色色带

2.杂色的色斑或色带

杂色的色斑或色带是指除绿色以外的色斑或色带，也称脏色，如黄褐色，黑灰色等（图4-14）。但不能把底色作为脏色对待，也不能把俏色以及多色的组合（福禄寿）当作杂色。

图4-15 棉花状的石花

3.石花

石花是翡翠中团块状的白色絮状物，从宝石学的角度上看，石花也可能是翡翠中的包裹体，即可能不是硬玉，而是其他的矿物组成，也可能是愈合裂隙。但由于这些石花，或多或少与后期的充填，交代作用有关，同时与翡翠的颗粒的大小有关，所以也可以看作为结构特征。

石花在透明度较好的翡翠中见到，根据形状和特征分为：芦花、棉花和石脑3种类型。

芦花：是轻微的石花，灰白色的絮状物成细小分散的形式分布在翡翠中，不特别明显。

图4-16 石脑状的石花

棉花：较为明显的白色或灰白色絮状物，成较为集中的团块状，比较明显（图4-15）。

石脑：明显的白色或灰白色絮状物，相对于芦花和棉花来说与周围的界限比较截然，显得有点像硬块，是最为严重的石花类型（图4-16）。

图4-17 角闪石造成的黑块

4.黑点和黑块

翡翠中常有呈点状、斑状、丝状和带状的黑色部分，这些不同形态的黑色可能由不同的原因造成，并且在矿物组成上也会有很大的差异。黑点常常是铬铁矿被硬玉交代后的残余，黑斑常是角闪石团块(图4-17)。翡翠存在黑点对品级不利，而且黑丝、黑带还可能破坏原有的绿色，尤其要加以注意。

(1)黑点：黑点是铬铁矿被硬玉交代后的残余和假象，在强光透射下往往呈绿色，反射光下往往呈黑色(图4-18)。黑点一般是孤立地零星分布。

(2)黑块(黑带)：翡翠中的黑块是由碱性角闪石或绿辉石造成的。碱性角闪石的作用也须分不同的情况对待，如果绿色为主体的翡翠中含有黑色的角闪石，这些黑色或暗色矿物对翡翠的外观产生不利的影响，应作为净度特征对待。但是，如果在无色或白色为主体的翡翠制品中含有这些暗色的矿物，对翡翠的外观不产生负面的影响，反而会提高翡翠制品的价值，这时，这些暗色的条带不当作净度特征，而是作为颜色要素来看待。

图4-18 翡翠的黑点

5.石纹

石纹按宝石学理论是一种愈合裂隙，行家也称为“水迹”，认为对翡翠制品的耐久性没影响，但对外观可产生程度不同的影响。石纹有大有小，有疏有密，有明显和不明显之分。最细小的石纹是愈合或者部分愈合的颗粒间隙，可呈白色，数量多时会对透明度产生影响。大的石纹往往和翡翠受到动力变质作用有关，有时会形成平行波浪线，对外观的影响相当的明显（图4-19）。

6.裂纹

裂纹与石纹不同，是未经愈合的裂隙。与石纹相比，裂纹对翡翠品质的影响要大得多，只要翡翠具有在正常照明下肉眼可见到的裂纹，其价值至少要降低1/3。

图4-19 波浪状的石纹

图4-20 裂纹对光线的阻挡

裂纹与石纹的区别是，石纹在透射光下不明显，光线仍能穿透过去，只是透明光量有所减少，而且从反射光下观察表面上没有痕迹。而裂纹则相反，透射光会被裂纹阻挡不易穿透（图4-20），反射光下能在表面上看到裂痕。有些裂纹在抛光面上指甲刮摸可感到明显受阻。

二、翡翠净度特征的评价

翡翠净度特征的严重程度取决于其对外观完美性和美观性的破坏程度。翡翠外观完美性的缺陷是否存在，取决于肉眼能否识别，依据这一原理可以规定出对翡翠净度特征的评价技术方法：正常照明的条件下在明视距离内，用肉眼进行周密的观察（可用透射光），并在垂直或者斜向照明的方式下判断其可见性。净度特征的严重程度依可见性划分成5个级别：

1.极小的净度特征

这一级别的净度特征在肉眼下难以看见，或者若隐若现，往往不能

准确判定是否存在所怀疑的缺陷。这一级别的净度特征对外观造成的影响极为轻微，可以认为没有影响

2.微小的净度特征

这一级别的净度特征在肉眼下可以识别，但比较困难，往往需要提高光照强度，例如靠近光源，才能察觉，这一级别的净度特征对外观的影响也很小，但是，对翡翠的完善性已有所影响。

3.较小的净度特征

这一级别的净度特征仍然很小，而且数量也少，仔细观察时不难看到。对翡翠的外观已能产生一定的影响。

4.较大的净度特征

这一级别的净度特征比较大，或者数量比较多，往往一眼即可察觉，对翡翠外观的影响已相当明显。

5.极大的净度特征

这一级别的净度特征非常明显，会对翡翠的价值产生极大的影响。

三、翡翠的净度级别

翡翠净度级别的划分要比透明宝石更为困难，其原因是不同的翡翠制品对外观完善程度的要求有所不同，例如素面的首饰（戒面、玉器、手镯等）对材料的要求很严，稍有瑕疵就容易看出来，而雕件上的瑕疵，如杂色，就难以判定其是否为瑕疵，因为杂色常被当作俏色加以利用。第二个原因是，习惯上裂纹对翡翠价值的影响要远大于其他的瑕疵，人们认为有裂纹的翡翠无灵气，特别是有裂纹的手镯更是无人问津。第三个原因是，同样的瑕疵在不同类型的制品上明显程度不一样，如花件上的小瑕疵容易被表面上起伏的花纹所掩盖。

为了解决上述的各个问题，采取了如下的方案：

（1）净度特征分成裂纹和其他瑕疵两个类型，明确它们对净度级别的影响。

（2）对素面和花件制品采用统一的净度级别标准，以免造成不必要的复杂性。

（3）在设定品质系数时把素面和花件制品分别考虑，一般情况下同一程度级别的花件制品的品质系数低于素面制品。

翡翠的净度级别分成：极完美、完美、较完美、一般和差5个级别，定义如下表4-8。

表4-8 翡翠制品的净度级别

级 别	定 义
极完美	透明，肉眼下（包括用透射光）看不出或很难看出净度特征（图4-21）
完 美	透明—亚透明，仔细观察不易看出净度特征。可有少量的石花，没有裂纹
较完美	半透明，仔细观察可见净度特征，即具有可见级的净度特征，包括小裂纹（图4-22）
一 般	透明度不限，净度特征易见
差	透明度不限，净度特征非常明显

图4-21 完美无瑕的翡翠葫芦（博观拍卖）

图4-22 较完美的翡翠玉佛

第四节　翡翠的工艺要素

工艺要素与翡翠品质的其他因素不同，是翡翠材料制成成品之后才被赋予的，与宝石品质评价的"切工"相对应，故也可以称为"切工要素"，但内容更多一些，翡翠成品的工艺评价，包括对翡翠成品的比例、美感、雕刻和抛光工艺技术、造型及艺术性等因素的综合评价。

翡翠成品从用料、工艺性等角度可分成素身制品和雕花制品两大类型。制作素身制品对材料的要求比较严格，必须是没有明显瑕疵的材料。但评价的内容相对比较简单，主要看成品的轮廓形态是否优美，三维尺寸是否合适，加工工艺是否精细等，因而工艺因素对素身制品的影响相对较小。但是对于以较差的原料制作的翡翠花件、摆件等雕花成品来说则非如此，如果对材料的应用不好，不能根据材料的特点选择造型，或者选择的造型形式呆板没有创意，或者不能巧妙地利用与掩盖材料的瑕疵、变废为宝，或者技术不好、做工不精等都会极大地影响到成品的价值（图4-23）。

图4-23　巧妙地利用红翡

一、翡翠素身制品的工艺评价

翡翠素身制品的类型有戒面类、鸡心、玉扣和手镯等类型，每一类型的制品都有各自不同的工艺指标。

1.戒面

翡翠戒面有蛋面、马眼、马鞍和方形戒等多种形式，如图4-24所示。在工艺上要求戒面的腰围轮廓不仅要曲线圆滑优美、上下左右对称，而且长度和宽度还要达到一定的比例要求。此外，对戒面的弧面和底面的形状也有一定的要求，弧面的高度要能够满足戒面具有浑圆饱满外观的要求，即对戒面的厚度与宽度之间也有一定的比例关系（表4-9）。此外，戒面还可分双凸、平底和挖底3种形式。双凸的戒形最为饱满，平底次之，挖底则用于透明度不好的材料。欧阳秋眉（1997）[6]认为，若双凸形的翡翠戒面价值以100%计算，平底的则是80%，挖底的可能只是30%。

表4-9 翡翠戒面和鸡心的切工要求

戒　面	长宽比	厚度比（厚度、宽度）	大小（长度/mm）
椭圆戒	（1.2~1.4）：1	（0.8~0.5）：1	8~14
马眼戒	（1.7~2.0）：1	（1~0.6）：1	10~14
马鞍戒	（2.0~3.0）：1	（1.2~1）：1	14~20
方　戒	（1.2~1.4）：1	（0.6~0.5）：1	12~14
鸡　心	（0.8~1）：1	（0.2~0.3）：1	20~25

最后，翡翠戒面还有最佳大小的要求，过大的戒面不适用佩戴，材料不足会造成戒面过小，不能充分展示翡翠的美感。

2.鸡心

鸡心也称桃心，是吊坠的一种类型，切工要求与戒面的参数类似（图4-25），一并列于表4-9中。

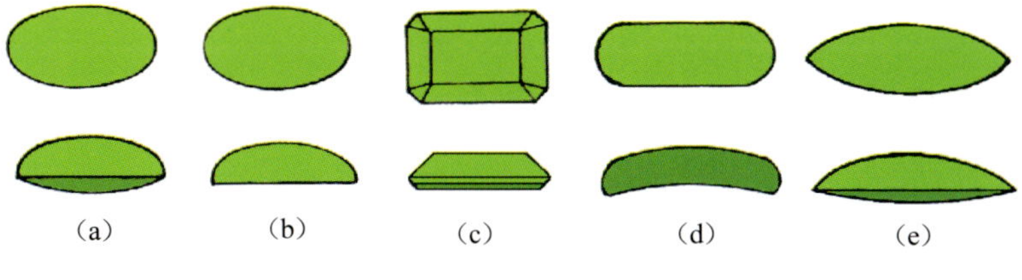

图4-24 翡翠戒面形态和尺寸参数

（a）椭圆戒，双凸型；（b）椭圆戒，平底型；（c）方戒 ；（d）马鞍戒 ；（e）马眼戒

3.玉扣类

玉扣类包括玉扣、玉璧和怀古3种。玉扣与怀古的形态相似，都是中间有小圆孔的圆形片，正面被切磨成同心的弧形，背面是平面或者与正面一样的同心弧形圈。玉璧与玉扣的不同是中间有较大的孔洞（但孔的直径小于玉璧的半径）中（图4-26）。玉扣类不能太厚，也不可太薄。过薄的原因多因为不妥当的取料，本来只能够切成两片的材料切成三片造成的，而且外观不丰满，过厚则有笨重感，都是不好的切工。有关的参数和要求参见表4-10、图4-26。

表4-10 玉扣类的切工参数

	厚度比（厚度：直径）	大小（直径/mm）
小玉扣	（0.1~0.2）：1	8~10
怀古	（0.2~0.3）：1	16~25
璧	（0.2~0.4）：1	25~35

4.手镯

手镯是素面制品中最为重要的品种，一块翡翠原料首先是力求做手镯，只有在做不成手镯的情况下，才考虑做其他的玉器。手镯是对材料质量要

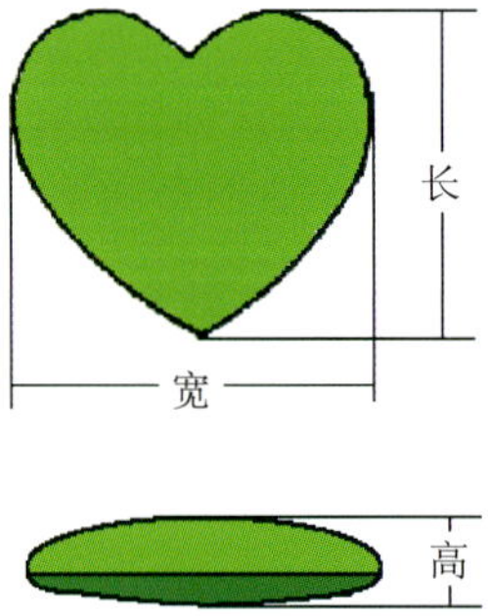

图4-25 翡翠鸡心切工参数

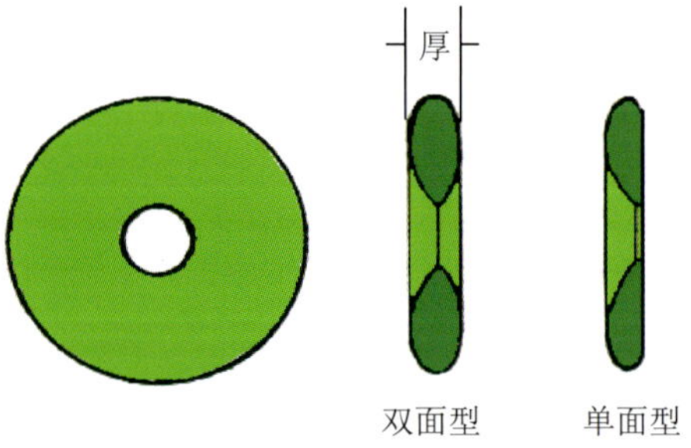

图4-26 翡翠玉扣类制品的形态和尺寸厚度

求最严格的品种。手镯根据其匝圈（也称条子）的粗细、形状和内孔的大小和形状可以分为玉镯、柔姿镯、扁条镯、鹅蛋镯和童镯等类型（图4-27）。

玉镯是最常见的，最传统的手镯形式，其匝圈截面为圆形，其直径（条径）可分粗、细两类，粗的条径为10~14mm，细的条径为6~8mm，细条径的又称为柔姿镯。柔姿镯清透雅气，也很受欢迎。扁条镯的匝圈

(a)

(b)

(c)

图4-27 各种形式的手镯

(a)圆条手镯；(b)扁条手镯；(c)鹅蛋镯

断面为半圆形，外侧呈圆弧形面、内侧呈平面弧形的扁条镯，这种手镯戴在手腕上比较轻巧舒眼，而且增大了手镯的圈口（即手镯的内径），节省了用料，还因厚度减薄而提高透明度。鹅蛋镯是一种圈口为椭圆形的扁条手镯，因圈口的形状与鹅蛋相似而得名，这种圈口与人的手腕形状相近，戴上和取下都比圆形手镯容易，便于更换。但这种手镯的加工难度大，要求质量好的玉材，所以数量较少，不仅可以作首饰佩戴，还可当作工艺品摆设欣赏[7]。童镯往往是用取手镯后留下的圆芯片来制作，所以与手镯的大小差别很大，只适合幼儿佩戴。对手镯工

艺要求的有关参数见表4-11。

表4-11 手镯的切工参数

名 称	条径(mm)	圆口直径(mm)
玉 镯	9~14	54~56
柔姿镯	6~8	52~54
扁条镯	8~12(宽度)	54~56
鹅蛋镯	8~10	(40~45)×(52~56)
童 镯	6~8	35~40

5.素身翡翠的切工评价

素身翡翠的切工可以从5个方面进行考查,即形态、对称性、比例、大小和抛光,这5个指标的含义和判定方法解释如下:

(1)轮廓形态:指轮廓曲线和弧面的形状,要求线条连续流畅,弧面圆滑,同种的弧面要连续,不能由多个面组成。

(2)对称性:素身制品相同部分应该达到相互对称,例如戒面的腰围轮廓线必须左右和上下对称。

(3)比例:素身翡翠的各个尺寸参数必须达到各自的要求。

(4)大小:素身翡翠的大小也应该符合相应的要求,过大和过小都会影响翡翠的价值。

(5)抛光:素身翡翠的抛光要求精细,尽量少的橘皮效应,要达到"出水"即玻璃光泽的程度,油脂光泽则次之,蜡状光泽更次之。抛光的好坏除可根据光泽判断外,还可用10倍放大镜观察表面上的"砂眼"多少判定。抛光很好的,砂眼极少,次为少量砂眼,再次为较多砂眼,更次为明显砂眼。

根据5个指标可以把素身翡翠的切工级别划分成优秀、好、一般和差4个级别,定义如下:

(1)优等切工:素身翡翠的轮廓优美,对称性好,比例和大小适当,抛光精美,光泽强。

(2)良好切工:与优秀切工比较,5个指标中有一项略微达不到要求。

(3) 一般切工：与优秀切工比较，在多项指标略微达不到要求，或有个别指标与要求偏差较大。

(4) 差等切工：5项指标比一般切工更差。

二、翡翠雕花制品的工艺评价

1.翡翠雕花制品的分类

翡翠雕花制品是一个很大的类别，所包括的制品从形状到大小都有很大的区别，按使用的方式一般可分成花牌、吊坠和摆件三大类型。

(1) 花牌是片状在双面或单面雕琢有花纹图案（琢通或不通）的佩玉，翡翠花牌的大小一般为宽20~40mm，长35~70mm，厚4~6mm。

(2) 吊坠是指小型的立体雕件，最常见的是十二生肖的吊坠，大小一般不超过20mm×20mm×15mm。

(3) 摆件是较大型到大型，不适合佩戴用途的各种雕刻品，小型摆件的尺寸一般在50mm×80mm×50mm左右（图4-28）。

2.翡翠雕花制品的工艺评价

翡翠雕花制品的工艺评价内容也与素身制品明显不同，可从下列的几方面加以考查。

图4-28 翡翠摆件

(1)用料干净与否

即制品上有无可见的瑕疵,如杂色、绺裂等,好的"用料"要把玉器上这些缺陷通过挖空、做花加以掩盖。行内所谓的"随绺做花"。如果玉器上出现各种瑕疵,其造型再好也是有缺陷的,对价值的影响很大。

(2)追色是否完善

翡翠玉器除了要显示质地美外,还要显示出色彩的美感。"追色"就是要用最能体现颜色的造型,把最好的颜色突出,起到画龙点睛的作用。

(3)俏色的利用是否恰当

对本来与主体颜色不一致的"脏色"加以巧妙利用,使之成为玉器中不可缺少的组成部分,形态自然又别开生面。但不能牵强附会,与整体造型不融为一体。

(4)造型是否优美

要求形象清晰、美丽、逼真、生动,并有情趣,同时还要主题突出和四衬平稳。造型有缺陷,不自然的,往往是材料不够,即所谓"工就料"。

(5)做工质量是否精细

玉器的线条、弧面、平面是否流畅,不呆滞,无断线,抛光是否精细到位,光泽是否达到温润出水的地步[7]。

第五节　翡翠的大小(重量)要素

在宝石的品质评价中,重量(或大小)是非常重要的一个因素,因为重量不仅仅是宝石计价的依据,而且也是稀有性的重要体现。对翡翠而言,重量(或大小)依然具有稀有性的含义,但是翡翠成品的计价不以重量为单位,而是以"件数"为单位,这样就导致对翡翠重量定量评价的难度,甚至导致对"重量(或大小)"本质含义的曲解,似乎失去对稀有性衡量的价值。

实际上,在翡翠的商业行为中,重量的稀有性尺度仍然是存在的,并且包含在"件"的量度之中。因为所谓的件,是某种种类的翡翠制品抽象,而件的基本定价是与制品的种类有关,例如在素身制品系列中,手镯的基本定价是最高的，其次是蛋面，然后是鸡心、怀古和玉扣等，而雕花制品，如花牌等还要排在这些素身制品之后。在这其中体现了对材料大小重量获取的难易程度。手镯所需的材料用量最大，要求最高，最不易找到（稀有性最大，图4-29），其次是戒面，戒面的体积虽小，但要求要正、浓、阳、匀，条件严格，玉扣等对材料要求更宽一些，但仍不能用有瑕疵的材料，有瑕疵的材料只可用作雕花制品。所以每件的基本定价中包含有材料大小的稀有性尺度。

图4-29 满绿翡翠手镯

手镯用料最多最严格，所以价格也最高

但是，这也不意味着同种制品，在玉质相同的情况下，一定就是越重越好，因为还要受到制品可用性的约束，例如蛋面不必过大，超过范围不会增加售价，反而白费材料，这是和钻石的不同之处。另一方面，假如翡翠制品达不到正常的尺寸，说明材料不足，就更要影响到它的价值。

对翡翠成品的大小的级别可按其与正常尺寸的百分比来划定，如大于正常尺寸20%以上为大，小于20%为偏小，小于40%以上为过小。

翡翠成品交易的习惯也影响到翡翠原料的计价方式，翡翠原料的价格从形式上看，似乎是依重量计价，实际上对翡翠材料价格的制定仍然是建立在该材料能做什么（玉件）能做多少（件）的基础之上。

正是由于上述的原因，作者没有把重量（大小）要素与颜色、质地和净度等要素一样当作为本质性的因素，而是把它看成外延性的品质因素。

第六节　翡翠的种及其意义

一、翡翠品种的意义

翡翠的品质取决于颜色、质地、明度和结构、裂隙和大小等诸多因素，其中颜色、质地和净度是最主要的、本质性的因素。翡翠颜色的变化几乎是无穷无尽的，而翡翠的品质，作为这些因素的组合，就更是千差万别。在翡翠行业发展的历史上，为了区分出翡翠的优劣，为了描述某一类甚至某块翡翠的品质，为了表示出这一类或这块翡翠与其他翡翠的不同，往往把特定的翡翠定为一个“品种”。与矿物成分类型的不同在商贸上，现行的翡翠品种，常常用翡翠的成因类型、颜色特征、透明特征、结构特征、价值、所有者地名和发现时间等来命名。但是，商贸上所规定的这些品种（通常简称为“种”）实质上是特定的品质要素的组合，是某一特定质量翡翠的名称。有些品种的划分，由于没有普遍性，被自然淘汰，另一些品种则反映了一类翡翠的共性和品质，而在行业中得以传播和应用。

二、常见的翡翠品种的名称和特征

(1)老坑种(老坑玻璃种)：颜色符合正、浓、阳、匀，透明到半透明的翡翠即可称为老坑种（图4-30）。如果透明度高，就可称为老坑玻璃种(图4-31)，是翡翠中最高档的品种，老坑种原来是相对于新山玉(坑)而言的，最早的采玉人认为河床或其他次生矿床中采出的翡翠较矿脉中的原生矿翡翠更成熟、更老，高档的翡翠更

图4-30 阳绿的老坑种翡翠胸花

多，称为“老坑”。

（2）金丝种：指颜色呈丝带状分布，并往往是平行排列，而且丝状色带的颜色浓郁，往往是鲜艳的阳绿色（插图4-32）。

（3）豆青种：指具粒状结构，颜色为豆青绿并且分布较为匀称的翡翠，是绿色翡翠中常见的品种（图4-33）。

（4）水绿种：浅绿色，比豆青绿浅，又比芙蓉种的绿色深，半透明-亚透明的翡翠（图4-34）。

（5）瓜青种：指颜色为蓝绿色，

图4-31 翠绿的老坑玻璃种翡翠吊坠

图4-32 金丝种翡翠摆件局部

图4-33 豆青种翡翠戒面

图4-34 水绿种翡翠吊坠

如丝瓜皮绿色的翡翠(图4-35),通常具有水豆地或者豆地的质地类型。

(6)白底青:是常见的翡翠品种,其特征是底色白,绿色艳,呈翠绿至黄杨绿的颜色,并呈圆形团块状,分布在白色的地子上。白底青的质地常常较干,如果透明度较好,也可称为藕粉地白底青等(图4-36、图4-37)。

图4-35 瓜青种翡翠胸花

图4-36 白底青翡翠戒指

图4-37 白底青挂件

图4-38 花青种小玉璧

图4-39 糯地花青玉环

图4-40 八三花青种

（7）花青种：指颜色较浓艳，但分布成花布状，没有规则性，也不均匀的翡翠（图4-38），质地透明至不透明，根据质地的类型，花青种又可进一步地称为冰地花青、糯地花青（或者水粉地花青，图4-39）。

（8）八三花青种：指粗粒、不透明、豆绿色、且颜色分布不均匀的翡翠（图4-40）。由于结构不够致密，光泽不够，含蜡较多，常被认为是B货。是近期出现在市场上的较新的品种。八三花青种从质地上看，可以称为豆地花青种。

（9）芙蓉种：指颜色为淡绿色、半透明至亚半透明，中至粗粒，但质地较为细腻，尤其是颗粒边界呈模糊状，看不到明显的界限（图4-41）。如果芙蓉种中分布有不规则较深的绿色色带、色根时，又可称为花青芙蓉种；如果透明度好，也可成为冰地芙蓉种（图4-42）。

（10）蓝水种：是较新的翡翠品种，其特征是绿色不鲜艳，为带灰色调的蓝绿色，透明度较好（图4-43）。

图4-41 芙蓉种平安扣

图4-42 冰地芙蓉种玉牌

图4-43 蓝水种玉牌

(11)冰种：无色、白色或者近于白色的、透明到亚透明的翡翠。近几年来，冰种翡翠十分流行，质地好的冰种翡翠价格高昂，成为翡翠市场重要的品种（图4-44、图4-45）。

图4-44 极其透明的冰种翡翠（博观拍卖）

图4-45 质地细腻的冰种翡翠（博观拍卖）

（12）漂兰花：亚透明至半透明（如冰地）的无色翡翠中分布彩带状的蓝灰色、灰绿色色带的翡翠（图4-46、图4-47），通常是绿辉石的微晶集合体造成的，有时也可能是角闪石。

图4-46 飘兰花种——含绿辉石翡翠

图4-47 飘兰花种挂件

（13）广片：绿色但透明度不好的翡翠，有的称之为干薄种，早先由广东的技师做成薄片状的首饰，以增加透光性，并因此工艺特征得名（图4-48）。

图4-48 广片——不透明的绿色翡翠

（14）铁龙生：翠绿色，水头差，微透明到不透明，但绿色多且比较均匀，常为满绿，铁龙生为缅语的音译，意思是满绿（图4-49）。

（15）干青种：干青种特指绿色的钠铬辉石翡翠，其矿物组成中钠铬辉石的含量较高，并常见带有金属光泽的铬铁矿包裹体（图4-50）。

图4-49 铁龙生——组成矿物为铬硬玉

图4-50 钠铬辉石翡翠（干青种）

(16)八三种：一种是灰白色，质地粗且疏松，不透明，常含有数量不等的角闪石或者绿辉石，是品质很差的翡翠。原指1983年开始大量开采的翡翠新山料（图4-51），通常用来制作B货（图4-52），所以也常被误解为B货的代名词。现在，用来指质地很差翡翠。

(17)雷劈种：指各种颜色和透明度但带有平行或者其他形式的密集裂纹的翡翠（图4-53）。

图4-51 八三种

图4-52 八三种的B货

图4-53 雷劈种

（18）油青种：褐绿色，颜色沉闷而不明快，但透明度较好，一般为半透明，其原因往往是翡翠的微小裂隙和孔隙被次生的含铁化合物充填造成的（图4-54）。

（19）紫罗兰：浅紫色的翡翠称为紫罗兰，紫罗兰又分粉紫（图4-55）、茄紫（图4-56）和蓝紫（图4-57）三种色调。

图4-54 油青种

图4-55 粉紫色翡翠手镯

图4-56 茄紫色翡翠玉佛

图4-57 蓝紫色翡翠鸡心

（20）红翡：红褐色–褐红色的翡翠，通常透明度较差，粒度较粗，是低档翡翠。但是，颜色较为鲜艳、质地类型也较好的天然红翡也很稀缺，也具有较高的价值（图4-58）。

（21）黄翡：褐黄色–黄褐色的翡翠，透明度常较红翡好（图4-59）。

图4-58　红翡

图4-59　黄翡

图4-60 福禄寿

(22)福禄寿：同时出现红翡翠色、紫罗兰色和绿色的翡翠(图4-60)。

(23)三彩(双彩)：同时出现紫罗兰色和绿色，同时部分地方没有颜色（为白色）的翡翠，是台湾业者习惯的用语(图4-61)。

(24)墨绿色钠铬辉石翡翠(墨翠)：组成矿物以成钠铬辉石为主，具有墨绿色近于黑色的外观，常有黑色金属光泽的小团块，边缘的透射光为翠绿色(图4-62)，传统上称为乌鸡骨种。

图4-61 双(三)彩

图4-62 钠铬辉石墨翠

（25）墨绿色绿辉石翡翠（墨翠）：组成矿物以绿辉石为主，具有墨绿色近于黑色的外观（图4-63），透射光为蓝绿色。质地通常十分细腻，做工和抛光都十分精美，通常简称为墨翠，是质地最好的墨翠品种。

图4-63 绿辉石墨翠

三、翡翠品种的档次

根据以上的描述可以看出，尽管种的名称非常多样，有些很早就有了，有的却是刚出现不久，有些种名直接与品质特征有关，有的则只是发现的时间或地点，但不论种的名称如何，其含义却是描述某一品质特定的翡翠类型，只是有些类型的范围界定得比较明确，有些则比较模糊。但是，根据这些种的划分，也可以粗略地把这些不同的品种划分成高、中、低3个档次。

高档翡翠的品种有：老坑种、金丝种、水绿种、部分的花青种、飘兰花种、冰种。

中档翡翠的品种有：花青种、豆青种、芙蓉种、飘兰花种、冰种、墨翠（绿辉石翡翠）、部分白底青、蓝水种。

低档翡翠的品种有：白底青、铁龙生、干青种、八三种、雷劈种、油青种等。

参考文献：

[1] 周经纶.简谈翡翠原石.珠宝界，1991（19）：90~91.

[2] 张竹邦.翡翠的绿色及其品级.珠宝科技，1992（6）：12~13.

[3] 田树谷.珠宝玉石百问.北京：地质出版社，1995.

[4] 赵永魁.中国玉器概论.武汉：中国地质大学出版社，1989.

[5] 郭守国等.宝石教程.北京：科学出版社，1998.

[6] 欧阳秋眉.如何评价翡翠.中国宝石，1997（1）：16~23.

[7] 丘志力.珠宝市场评价.广州：广东人民出版社，2000.

第五章　翡翠及相似玉石的特征和鉴别

在珠宝市场上，尤其是在翡翠的批发市场上，常常会遇到各种各样的仿冒翡翠的玉石，必须加以识别。这些仿冒品在外观上与翡翠相似，若掌握了一定的知识和方法，通过仔细观察，通常可以找到与翡翠不同的鉴别特征，一般来说鉴别不特别困难，如果再辅助以必要的鉴定仪器，对这些仿冒品的鉴别就会更加地准确。

市场上较为常见的、易与翡翠混淆的品种有：软玉（碧玉）、独山玉、钙铝榴石玉、蛇纹石玉、钠长石玉（水沫子）、磨西西、绿玉髓、绿色玛瑙、东陵石、染绿色石英岩、玻璃、天河石、染绿色大理岩、符山石玉、半透明祖母绿等。

第一节　翡翠的鉴定特征

一、翠性

翠性是由于组成翡翠的硬玉晶体具有两组完全的解理而造成的。当翡翠在外力作用（如切开）下破裂时，破裂面上及邻近的晶粒在强烈的机械应力作用下沿解理破裂形成解理面。由于解理面平整光滑能够对光线产生镜面反射，在光照下可看到众多闪闪发光的小面，如同蚊子翅（图5-1）。通过这种闪光面的大小和形态，可以了解组成翡翠

图5-1 翡翠的翠性

的硬玉颗粒的大小和形态特征。并且翠性是翡翠独有的特征，借此可以与其他相似的玉石和仿冒品区别。

在翡翠锯开的或未抛光的表面上，翠性非常明显，当组成翡翠的硬玉颗粒大时，闪光面也大，颗粒小时，闪光面也小，根据大小和形态，翠性被分成3种类型：

（1）雪片：片状的较为明显的闪光面，通常由粗粒、短柱状硬玉颗粒的解理面造成；

（2）蚊子翅：狭长状的小闪光面，由中粗粒柱状到长柱状的硬玉颗粒的解理面造成；

（3）沙星：点状的细小闪光面，由细粒柱状或纤维状的硬玉颗粒的解理面造成。

但是，翡翠经过抛光和上蜡等工序后，翠性就不易看到了，尤其是沙星状的翠性更难观察。表面上，雪片状的解理面当抛光不彻底时，可形成带有许多小凹坑，与周围边界清楚，并在某一方向上仍可见到一致反光的略为下凹的表面，如果进一步抛光就会形成所谓的橘皮效应。

二、豆-粒状特征

所谓的“豆”是指组成翡翠的晶粒之间的界线，当晶粒的边界明显时，就出现“豆”的现象。这种情况多发生于晶粒之间镶嵌不紧密，边界平直，颗粒粗大的结构类型（图5-2）。

图5-2 翡翠的豆状特征

豆状特征多出现在透明度不好的翡翠中，但也有一些翡翠，虽然晶粒粗大，可以分辨出不同晶粒，能够看出粒状特征，但边界线模糊，是由于重结晶等作用使颗粒之

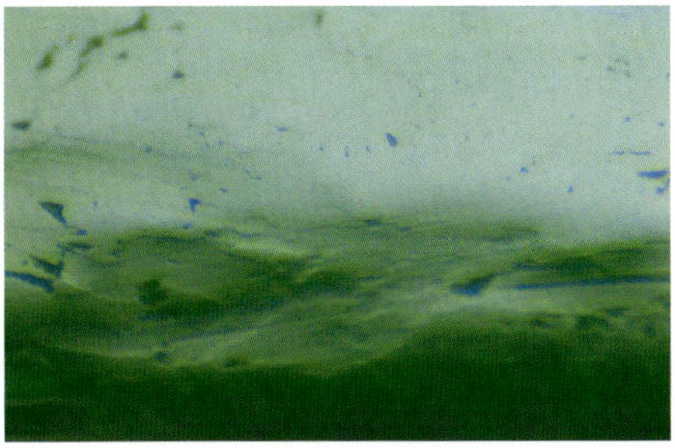

图5-3 翡翠的橘皮

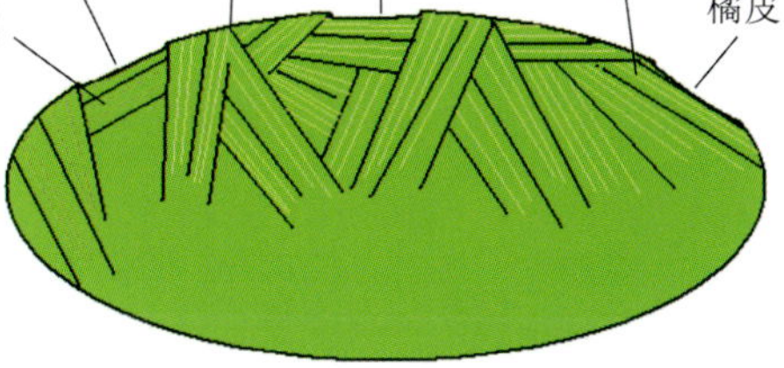

图5-4 翡翠橘皮效应成因示意图

间的结合紧密，同时使透明度得到改善。此外，还可从翡翠抛光的表面上，查找颗粒的边界来识别颗粒大小和形态特征。粒状特征也是翡翠的一种鉴定标志。

三、橘皮效应

翡翠的抛光表面上常常像橘皮似的起伏不平（图5-3、图5-4），这种现象的产生的根本原因在于组成翡翠的硬玉晶体的性质和结构，在翡翠中硬玉颗粒的排列方向不一致（即使有一定的方向性，也不会一一平行），导致在表面上出露的硬玉颗粒的方向不一致，比如有的是柱面平行表面，有的斜交，有的垂直（如图5-4）。从硬度上看，垂直柱面出露的颗粒硬度最大，平行柱面出露的颗粒，由于解理发育等原因，硬度小，斜交的则界于这两者之间。当用传统的抛光技术进行抛光时，较软的颗粒就会被更多的磨蚀，形成下凹的表面。

所以翡翠的橘皮效应不仅只是凹凸不平的抛光表面，橘皮还具细微的、特征的现象。

(1)橘皮的凹坑具有清晰的、几何状的、反映硬玉晶粒形态和大小的边界。

(2)凹坑仅略为下凹,凹面的光泽与外面未下凹部分的光泽一致(图5-4)

橘皮效应的明显与否取决两个方面的因素:一是翡翠结构的性质,组成翡翠的硬玉的粒度越小,结合越紧密,橘皮效应就越不明显;另一个因素是抛光的方法和质量,软盘抛光的橘皮效应明显,硬盘抛光则相反。抛光粉的硬度越高,橘皮效应越不明显;抛光越充分,橘皮效应愈明显。

当橘皮效应很明显时,可在柔和的光线下肉眼直接观察翡翠抛光表面的反射光,就能看到。一般的情况下,须用10倍放大镜或显微镜来观察。

根据橘皮的大小和形态,可以识别翡翠结构的特点,是区别相似的玉石和仿冒品的重要特征。

四、翡翠的内含物

翡翠中常见的、对翡翠的识别有一定意义的内含物有以下3种类型:

1.白色絮状物

石花是翡翠中团块状的白色絮状物,从宝石学的角度上看,石花也可能是翡翠中的包裹体,即可能不是硬玉,而是其他的矿物组成,也可能是愈合裂隙。但由于这些石花,或多或少与后期的充填,交代作用有关,同时与翡翠的颗粒大小有关,所以也可以看作为结构特征(图5-5)。

图5-5 石花

形态上这些白色的絮状物类似芦花,具有放射状分布的特征。

2.黑点

黑点是铬铁矿被硬玉交代后的残余和假象,在强光透射下往往呈绿色,反射光下往往呈黑色(图5-6)。黑点一般是孤立地零星分布。

图5-6 黑点

3.黑块

黑色，但透射光为灰褐色的色斑。

翡翠中的黑丝、黑带是由碱性角闪石或绿辉石造成的。碱性角闪石的作用也须分不同的情况对待，如果绿色为主体的翡翠中含有黑色的角闪石，这些黑色或暗色矿物对翡翠的外观产生不利的影响，应作为净度特征对待。但是，如果在无色或白色为主体的翡翠制品中含有这些暗色的矿物，对翡翠的外观不产生负面的影响，反而会提高翡翠制品的价值，这时，这些暗色的条带不当作净度特征，而是作为颜色要素来看待。

五、翡翠的色形特征

翡翠具有多种颜色，每种颜色都有各自特征的颜色分布特点，翡翠的绿色分布均匀，并常呈脉状，称为色根，是翡翠的重要特征之一（图5-7、图5-8）。其他的绿色玉石的颜色多为均匀，或者有不同分布特点。翡翠的颜色色形特征更详细的内容请参阅第三章的相应章节。

图5-7 绿色的脉状色根

图5-8 翡翠的绿色色根

六、翡翠的光泽

光泽是表面反光产生的现象。宝石的光泽受到表面抛光程度、宝石的折射率大小和表层结构特点的影响。抛光良好，质地致密的翡翠，由于表面光滑，可呈玻璃光泽；质地粗疏的翡翠，由于粒间间隙的影响，橘皮效应的影响，光泽较弱，呈亚玻璃光泽到油脂光泽。有些经过酸洗充填或酸洗的翡翠，抛光工艺应用不当，表面的橘皮效应和微隙发育，会出现比油脂光泽更弱的蜡状光泽。

观察翡翠的方法是，在正常照明条件下，肉眼观察翡翠表面的反光程度（亮度）和映像的清晰程度，具玻璃光泽的翡翠，能形成清楚的映像，例如，对灯光或者对窗户的清晰映像，蜡状光泽的翡翠只能出现模糊的映像。

七、翡翠的相对密度和测定

测量翡翠的相对密度是鉴定翡翠的重要方法。硬玉的相对密度在一定的范围内变化，一般认为在3.20~3.40之间，大多数的翡翠的相对密度在3.33以上。钠铬辉石翡翠的相对密度可达3.50，绿辉石翡翠的相对密度为3.30~3.38。

翡翠的相对密度测定有多种方法，一种方法是掂重，是粗略估计玉石的相对密度的一种实用方法，这对相对密度比翡翠小较多的玉石的区别是一种有效的方法。翡翠的相对密度3.32是各种玉石中较大的，或者说翡翠是比较重的玉石，而钠长石玉、石英岩等的相对密度小，只有2.60左右，比翡翠约轻1/4，对体积比较大的玉件，用手可以掂出他们之间的重量差异。

另一种更为准确的方法是用相对密度为3.30的纯二碘甲烷液体（比重液），绝大部分的翡翠在这种液体中缓慢下沉或者悬浮。其他品种的玉石在这一比重液中大多数是上浮。

静水称重法可以得出测试样品的相对密度的数值，利用电子天秤分别称取样品在空气和水中的重量，然后用公式：相对密度=$\frac{\text{样品在空气中的重量}}{\text{样品在空气中的重量}-\text{样品在水中的重量}}$计算。

八、翡翠的折射率及测定

翡翠是多晶质集合体，一般只测定平均折射率，翡翠的折射率比较稳定，多在1.66左右，大多数其他玉石的折射率都与翡翠有明显的差异，例如软玉的折射率1.62左右、钠长石玉的折射率1.53左右，依据折射率的差别，可以非常方便而且准确地区别出外观上与翡翠相似的其他玉石。

翡翠的折射率可使用宝石学专用的折光仪来测定。由于翡翠多只具有抛光的弧形表面，故必须应用点测法的技术，即观察时眼睛要远离（30cm左右）折光仪的目镜进行观察，根据翡翠样品与折射仪测试棱镜接触形成的影像的明暗变化，来读取折光率的数值。这一方法要经过一定练习才能应用自如，达到必要的准确度。

九、可见光吸收光谱及测定

翠绿色翡翠有典型的吸收光谱特征，只要达到浅绿色浓度以上的绿色翡翠一定有位于红光区的3条由铬引起的吸收线，并且具有所谓的阶梯状的特征，其中中间的一条即660nm的吸收线最为明显。颜色较浅的绿玉翡翠红光区的铬吸收线可能不够明显，一般只能看到660nm的吸收线或者由这一吸收线造成的台阶状的吸收边。红光区吸收光谱是鉴别天然与染绿色翡翠最重要的特征之一（参见第六章）。

浅绿甚至白色的翡翠在紫光区都可看到437nm吸收线，一般认为该吸收线是由Fe造成的。翠绿色的翡翠由于Cr^{3+}离子在蓝紫光区也有很强的吸收，437nm的吸收线被掩盖而看不到。437nm的吸收线可以作为鉴别翡翠与相似玉石的鉴定特征。

灰绿色的翡翠，或者绿辉石翡翠看不见红区的吸收线，但往往有明显的437nm吸收线。钠铬辉石玉则由于不透明，通常观察不到有意义的可见光吸收光谱。

翡翠的吸收光谱可用分光镜进行观察，最好采用棱镜式分光镜，光栅式的分光镜一般只能模糊地看出红光区的吸收线，紫区的吸收线看不到，棱镜式的分光镜不仅能够兼顾两者，而且还因为其透光量大，更容易观察，红光区的光谱也更为清晰。

观察翡翠的吸收光谱还要有合适的光源。半透明的翡翠需要用强光才能穿透。观察时，分光镜要对准通过样品的光线，要尽量地让光线进入分光镜，采用带有刻度的分光镜，还能够测定吸收谱线的波

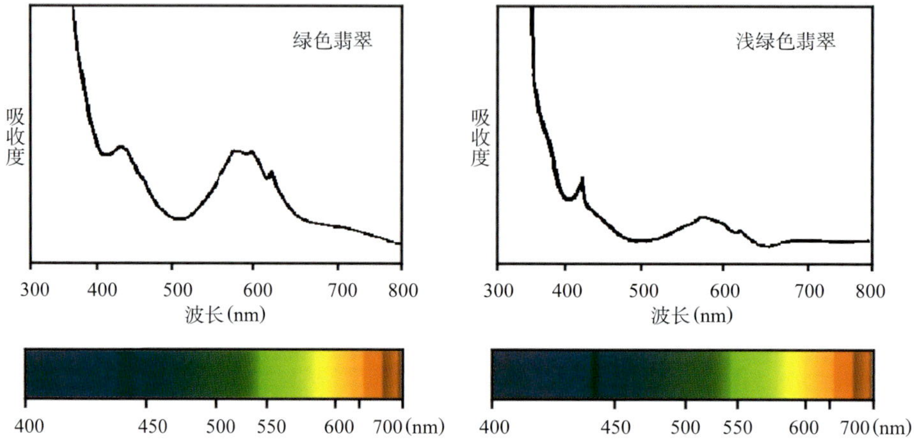

图5-9 翡翠的可见光吸收光谱

长。如果应用分光光度计，还能定量地测量出翡翠对可见光吸收特征，图5-9给出不同方法测试的翡翠可见光吸收光谱的对照。

十、紫外荧光

翡翠基本上没有紫外荧光，尤其是翠绿色、绿色、墨绿色、黑色和红色的翡翠，在长波（364nm）和短波（253nm）的紫外灯下，都不发荧光。只有部分白色的翡翠，在长波紫外光有弱的橙色荧光。翡翠经过上蜡后，会出现弱的蓝白色荧光，如果翡翠的结构不够致密，有较多的蜡浸入了翡翠内部，蓝白色的荧光也会随着增强。早先酸洗充胶的翡翠会有中到强的蓝白色荧光。个别染绿色的翡翠会有极强的紫外荧光。所以，观察翡翠的紫外荧光具有重要的鉴定意义。

翡翠的紫外荧光可用宝石等专用的紫外荧光灯进行观察，由于翡翠的荧光弱，一定要注意避免可见光的干扰，必须把样品放在暗箱中观察。因为，如果有可见光存在，就难以分清到底是翡翠表面的反射光，还是翡翠在紫外线的激发下发出的荧光。

第二节 软玉的特征和鉴别

软玉是我国最为传统的玉石，尤其是白色软玉被视为玉中珍品。但绿色或深绿色的软玉（碧玉）产量大，价格较低，并和翡翠较为相似，可被用来仿冒翡翠。

一、软玉的基本特征

1.软玉的化学成分和矿物组成

软玉是由纤维状的透闪石，或含铁透闪石，或阳起石微晶为主的集合体，由于组成的矿物颗粒细小，并且相互交织成毛毡状的结构，故韧性很大。

图5-10 碧玉香炉（博观拍卖）

透闪石是一种含水的钙镁硅酸盐，其化学成分为$Ca_2Mg_5(Si_4O_{11})_2(OH,F)_2$，当其中的$Mg^{2+}$被$Fe^{2+}$替代后，则形成阳起石 $[Ca_2(Mg,Fe)_5(Si_4O_{11})_2(OH,F)_2]$，纯净的透闪石无色，如含有少量的$Fe^{2+}$则会产生不同色调的绿色。阳起石为草绿-灰绿色。

图5-11 带翠白玉

2.软玉的品种

软玉常见的颜色有白、白灰、绿、暗绿、黄和黑色等，主要依不同颜色划分不同品种，白玉最受推崇，白玉中最好的称为“羊脂白”。带灰或灰绿色调的白玉称为青白玉，碧玉则指呈绿至暗绿色的软玉（图5-10）。青海产的白玉有的带有翠绿色的色斑，是少见的品种（图5-11）。

3.碧玉的外观特征

碧玉质地致密，多为微透明，部分可达半透明。抛光后的表面为油脂光泽，具温润感。通常颜色较为均匀，少见色带，但碧玉中常有四方形黑点状金属矿物造成的黑色色斑。

由于组成软玉的透闪石或阳起石晶体非常细小，所以肉眼下看不出粒状结构（砂粒），不过也有些白玉，由于含有包裹体等原因，而有砂感。

4.软玉的物理性质

折射率：1.62左右；

相对密度：2.96~3.17；

摩氏硬度：6~6.5；

断口特征：参差状断口；

可见光吸收光谱：不明显，部分品种在蓝绿区（509nm），有明显的吸收带。

图5-12 碧玉均匀的颜色分布

二、软玉与翡翠的区别

易与翡翠相混的软玉，是灰黄绿色、深绿色或墨绿色的软玉品种，也称为碧玉。与翡翠的不同点有：

1.表面特征

已抛光的碧玉，由于其组成矿物晶体非常细小，具有与翡翠不同的光泽和表面特征，碧玉常出现油脂光泽，肉眼看不到橘皮现象、翠性和砂粒。

2.颜色分布特征

绿色碧玉的色调与瓜青翡翠相似，颜色分布更为均匀，不均匀状少见，没有色根（图5-12），有时可见呈四方形的黑色的色斑（图5-13）。

图5-13 碧玉中的黑点

3.物理性质

软玉的折光率（1.61~1.62），相对密度(2.95~3.05)，都小于翡翠(1.60~1.66和3.20~3.39)，用常规的宝石学方法如折光仪点测法，比重液(3.33)或静水称重法，可以准确测定和区分。

4.吸收光谱

碧玉的可见光吸收光谱通常与翡翠不同，一般缺失红光顶端的由Cr^{3+}引起的吸收线。另外，在紫端的吸收也不相同，翡翠位于437nm吸收线(蓝紫区)而碧玉为位于502nm(蓝绿区)的吸收线。多数的绿色软玉透明度差，常常观察不到吸收光谱。但是，少量呈翠绿色的软玉，如白带翠的青海白玉的绿色部分也可具有相似的由Cr^{3+}引起的吸收线[1]。

5.软玉原石

在云南翡翠市场上，有称为“昆究”的软玉原石，外形似水石，半透明，灰绿色，剖开有青色的带状花纹及较多的杂质。与翡翠水石比较，外壳上砂粒不明显，手感较翡翠轻。如有断口，可见参差状的特征，与翡翠粒状断口不同。

三、软玉的产地和商贸情况

软玉的产地远比翡翠多，中国软玉传统的产地在新疆南部的昆仑山，该产地产出的软玉，因地名又称为“和阗玉”；在新疆的北部，天山和阿尔金山等地区也有软玉，但多为灰绿至暗绿色的软玉。20世纪90年代以来，青海格尔木发现了包括白玉在内的软玉矿产，为市场提供了新的白玉和其他软玉资源。近几年岫岩县也发现有浅绿到灰绿色的软玉。台湾花莲也产有阳起石类型的软玉，颜色为草绿色到暗绿色，还有具猫眼效应的阳起石猫眼。国外的软玉主要产地有澳大利亚、加拿大、美国、新西兰、巴西、俄罗斯和韩国等。除俄罗斯和韩国产有白玉外，其他产地多为碧玉。由于碧玉产地多，产量大，常常会出现在翡翠原石和成品市场上冒充翡翠。

第三节　独山玉的特征和鉴别

图5-14　绿色独山玉精品

独山玉因产于中国河南省南阳市市郊的独山而得名，又称为“南阳玉”，开发利用的历史也非常悠久。独山玉的品种多样，有些品种在外观上与翡翠近似，20世纪50年代苏联的地质学家就曾误把独山玉归属于翡翠类型的矿床。实际上，独山玉是一种产在辉石岩岩体中的蚀变斜长岩（图5-14）。

一、独山玉的基本特征

1.独山玉的化学成分和矿物组成

独山玉的矿物组成主要为斜长石（$NaAlSi_3O_8-CaAl_2Si_2O_8$）和黝帘石（$Ca_2Al_3Si_3O_{12}OH$），斜长石含量为20%~40%，黝帘石含量为50%~70%。其次为辉石，含铬绿泥石或铬云母，绿帘石，黑云母和少量的阳起石、方解石和绢云母等矿物。由于独山玉组成矿物的种类和含量变化都较大，所以独山玉的化学成分和物理性质也不固定。

2.独山玉结构特征

独山玉组成矿物的粒度较小，平均粒度小于0.05mm，故多为细粒或隐晶质结构，质地致密，但由于蚀变作用的强弱和组成矿物的变化，常常出现色带、色斑等构造特征。

3.独山玉品种

独山玉的颜色多样，分布不均，常见颜色为绿和白，其次为黄褐、褐红、粉红和墨色，并依颜色划分成不同的品种。其中绿色独山玉与翡翠比较相似。

4.绿色独山玉的外观特征

独山玉的抛光往往不好，呈油脂光泽，10倍放大镜下看不出粒状结构

图5-15 墨绿色的独山玉

（砂粒感）。

墨绿色独山玉具有特征的色形，墨绿色呈团块状与白色部分组成似迷彩状的图案（图5-15），同时透明度较差，微透明到不透明。

透明度较好的翠绿色独山玉呈蓝绿，相对于翡翠其色调更偏蓝色，也呈脉状的色根沿小裂隙分布，其中还常常夹有暗色矿物造成的黑点（图5-16）。

5.独山玉的物理性质

独山玉的折射率多变，1.56到1.70（分别为斜长石和黝帘石的折光率），常因为品种和测试位置而不同；摩氏硬度：6~6.5；相对密度：2.73~3.18，受组成矿物的种类和含量的控制；断口特征：粒状断口；查尔斯滤色镜反应：绿色独山玉变红或橙红。

图5-16 独山玉的颜色分布特征

二、与翡翠的区别

独山玉与翡翠的区别可以从下列几个方面入手：

（1）绿色独山玉的颜色是由含有细粒的铬云母或含铬绿泥石所引起的，沿小裂隙形成浓绿色短线状，小脉状的色带，并且颜色偏蓝偏灰色，不够鲜艳。

（2）绿色独山玉的绿色色脉中常见有黑色的色斑（暗色矿物）即使在强光照射下仍显黑色。而绿色翡翠中的黑点通常较少见，而且在强光下显翠绿色。

（3）具斑杂状色斑的墨绿色独山玉的颜色分布与翡翠不同。

（4）独山玉虽然粒度细，但由于不同种类矿物的硬度差别大，分布不均匀，所以抛光面往往不平整，抛光质量往往不好，油脂光泽明显。

（5）查尔斯滤色镜下变红是绿色独山玉与翡翠鉴别的明显特征。

（6）独山玉的折光率和相对密度也可当作参考性的鉴定特征。

三、独山玉的商贸情况

独山玉的主要集散地在河南的南阳，由于现在南阳的玉器生产已不再局限于独山玉，已成为多种玉石种类的汇集处，市场上翡翠玉器也相当普遍。反之，在以翡翠为主的集散地则较少见到独山玉。

第四节　钙铝榴石玉（及水钙铝榴石玉）的特征和鉴别

钙铝榴石玉是20世纪80年代末开始见于国内珠宝市场上的一种玉石材料，20世纪90年代初称为青海翠（图5-17）的半透明状钙铝榴石玉与翡翠的外观也极为相似，一度曾有相当的知名度[2]。而水钙铝榴石则是南非Transvaal出产的，于1925年曾用Transvaal Jade（昆士瓦尔玉）命名的玉石材料（在国际上有时也称为南非玉），20世纪80年代末该地区的半透明质地好的绿色和粉红色玉材已经枯竭[3]。由于问世早，在国际上知名度高，在宝石学文献或书籍中都有记载，但在我国的珠宝市场上则相当少见。由于种种原因，业界通常把国内各个产地的钙铝榴石玉误称为水钙铝榴石玉。实际上，据W.Zabinski（1991）研究[3]，昆士瓦尔玉中绿色品种的组成矿物仍应为钙铝榴石，最多只是含水的钙铝榴石，称为水钙铝榴石仍是一种历史性的错误。同时，国内各产地的这种玉石中的钙铝榴石基本上不含水，更不能称为水钙铝榴石。

图5-17 “青海翠”钙铝榴石玉

一、钙铝榴石玉的基本特征

1.钙铝榴石和水钙铝榴石的化学成分

钙铝榴石$Ca_3Al_2Si_3O_{12}$，与水钙铝榴石$Ca_3Al_2(SiO_4)_{3-x}(OH)_{4-x}$化学成分上相似，仅仅是部分的$[SiO_4]^{4-}$被4个$OH^-$替代，水钙铝榴石的性质受到$OH^-$含量的影响。

2.钙铝榴石玉的矿物组成及结构特征

钙铝榴石玉的矿物成分以钙铝榴石为主，可含少量绢云母、蛇纹石和黝帘石等。绿色钙铝榴石的晶体通常比较大，粒度在1~3mm，白色基质的颗粒较小，肉眼分不出界限。南非的绿色含水钙铝榴石玉的矿物成分为含水钙铝榴石和数量不等的符山石，粉红色的水钙铝榴石玉则由钙铝榴石和水钙铝榴石组成，其粒度比钙铝榴石玉小，且更为致密。

3.钙铝榴石玉的外观特征

钙铝榴石玉通常为不透明，部分为半透明，抛光表面多为油脂光泽，颜色从浅绿至绿色，分布不均匀，常常可见到呈四方形的点状色斑（图5-18），也可出现团块状和不规则条带状的色带，分布在由白色钙铝榴石组成的质基上。半透明的绿色钙铝榴石玉的色调和质地与翡翠极为相似。

图5-18 点状的绿色色斑

4.钙铝榴石玉的物理性质

折光率：1.72~1.74，水钙铝榴石为1.675~1.705（粉红色晶体）和1.725~1.734（绿色晶体）；

相对密度：3.60~3.71，水钙铝榴石为3.27~3.52；

摩氏硬度：7~7.5；

发光性：无紫外荧光，但有橙色的X光荧光；

吸收光谱：一般无特征光谱，偶尔可见Cr^{3+}引起的吸收光谱；

其他：绿色部分在查尔斯滤色镜下变红。

二、钙铝榴石玉与翡翠的区别

钙铝榴石玉具有明显的典型特征，靠肉眼或10倍放大镜即可加以识别，主要特征是：

（1）钙铝榴石玉中颗粒粗大的绿色钙铝榴石斑晶形成的绿色点状色斑，而且容易识别。

（2）钙铝榴石玉的绿色部分在查尔斯滤色镜下变红或橙红色。

（3）钙铝榴石玉的相对密度和折光率都大于翡翠。

三、产地和商贸情况

钙铝榴石玉作为接触变质的产物的产地较多，国内的产地主要有新疆阿尔泰、青海和贵州等，产量也比较丰富，在各地的翡翠集市上都可见到，但质量好的绿色半透明的钙铝榴石玉较为少见。

第五节　蛇纹石玉的特征和鉴别

蛇纹石玉是最广为使用的一种玉石材料，颜色多变，品种多样，而且名称也非常不统一，常以产地名作为名称，例如陕西蓝田产的蛇纹石玉被称为蓝田玉，辽宁岫岩产的称为岫玉，新西兰产的则为鲍文玉，美国宾夕法尼亚州产的称为威廉玉等等。蛇纹石玉由于产地多、产量大，具有与翡翠相似的颜色，常常用来仿冒翡翠（图5-19）。

一、蛇纹石玉的基本特征

1.蛇纹石玉的矿物组成特点

蛇纹石玉的矿物成分以蛇纹石为主，可含有数量不等的透闪石、滑石、

3.光泽

相对与无色透明的翡翠（所谓冰种翡翠）钠长石玉的抛光质量略差，不够光滑明亮，在放大镜下可见表面常有细小的砂眼。

4.折射率

如果能够测定折射率，可以很准确地区别出翡翠与钠长石玉，钠长石的折射率1.53，比翡翠1.66低很多。同时分光镜下钠长石玉缺少翡翠常见的437nm的吸收线。

三、商贸情况

钠长石玉与翡翠是共生的一种玉石，在中缅边境的翡翠市场上比较多见，既有成品也有毛料，尤其毛料不易与翡翠的原石区别，故被人称为翡翠的四大杀手之一[6]。

第七节　钠铬辉石钠长石玉及鉴别

钠铬辉石钠长石玉产于缅甸翡翠矿区的北部，地名即为磨西西，瑞士宝石学家Gublin教授（1965）最先报道，并把它称为磨西西（Mao-Sit-Sit）和Jadeitealbite（曾经被译为钠长硬玉），这种玉石的外观呈带有黑色斑块的翠绿色，不透明到半透明（图5-24）。

一、磨西西的基本特征

1.主要矿物成分

主要矿物成分是钠长石，含量大于70%，同时含有较多的钠铬辉石微晶和高铬硬玉微晶。

2.外观特征

钠铬辉石微晶和高铬硬玉微晶这两种微晶和钠长石微晶均匀地混

图5-24 磨西西的外观特征

合，形成翠绿色的外观。深色角闪石细晶富集的部位，以及铬铁矿则形成黑色的斑块（图5-25）。

3.物理性质

折光率：1.55左右；

相对密度：2.80左右；

摩氏硬度：6左右。

图5-25 磨西西的云雾状色形

二、磨西西与翡翠的鉴别

磨西西的鉴别特征如下：

1.颜色和色形

磨西西颜色的翠绿色，十分鲜艳，其中杂有无色透明的不规则团块，形成独特的云雾飘绕青山状的图案（图5-26）。

2.结构特征

磨西西为细粒结构，一般看不出粒状结构，但是，有时含有较粗大的铬铁矿。

3.物理性质

磨西西的相对密度为2.6左右、折射率1.54左右，都比翡翠小很多。

三、商贸情况

磨西西是与翡翠共生的一种玉石，现在也逐渐地出现在翡翠市场上，并且当作翡翠销售。磨西西的原石也多用滚筒滚圆做成假的籽料充当翡翠，需要加以注意。

第八节 绿玉髓的特征和鉴别

绿玉髓又称澳洲玉，为隐晶质的石英微晶集合体，颜色为黄绿–绿色与翡翠较为相似，绿玉髓是风化淋滤矿床，原石的形态为不规则的块状，与翡翠原石的差别很大，只是在成品上可能会发生混淆。但是，绿玉髓本身也是具有一定知名度的玉石，主要产自澳洲，产地单一，市场上以仿翡翠为目的行为少见。只是在大众化的珠宝市场上，会碰到必须进行鉴别的场合。绿玉髓与翡翠的主要鉴别特征如下。

一、绿玉髓的基本特征

1.主要矿物成分

石英微晶（化学式SiO_2）为主，占90%以上，含有数量不等的粘土杂质。

2.外观特征

染绿色石英岩一般为半透明，玻璃光泽，早期的颜色均匀，色调偏蓝或偏黄，不够自然，现在的产品则更为逼真，绿色可有浅变化，更为自然（图5-26）。

3.物理性质

折光率：1.55左右；

相对密度：2.80左右；

摩氏硬度：7；

图5-26 绿玉髓饰品

二、绿玉髓与翡翠的鉴别

绿玉髓的鉴别特征如下：

1.颜色和色形

绿玉髓颜色的色调偏黄，而且比较均匀，没有翡翠常有色根、色脉等现象（图5-27）。

图5-27 绿玉髓均匀的颜色

2.结构特征

抛光表面光滑，玻璃光泽，没有橘皮效应，没有粒状结构。

3.物理性质

绿玉髓的相对密度为2.6左右，比翡翠小很多，但小件制品不易用手掂区分，须用测量的方法才能准确确定。

绿玉髓的折射率为1.54左右，比翡翠小。

同时绿玉髓缺少可见光吸收谱的特征，没有Cr的吸收谱线。

第九节　绿色玛瑙的特征和鉴别

绿色玛瑙也是微晶质的石英集合体，与绿玉髓的区别在于地质成因的不同，玛瑙的形成与火山活动有关，而绿玉髓则是风化淋滤的表生地质作用下形成的。从宝石学的角度，绿色玛瑙与绿玉髓的最大区别是绿色玛瑙的颜色是人工染色的，绿玉髓的颜色则是天然的，所以两者的价格差别很大。不过玛瑙染成绿色并非出于仿冒翡翠的目的，而是玛瑙传统的一种加工工艺。与绿玉髓相比，绿色玛瑙与翡翠的区别更为明显，主要的特征如下。

一、绿色玛瑙的基本特征

1.主要矿物成分

石英微晶（化学式SiO_2）为主，占90%以上，含有数量不等的粘土杂质。

2.外观特征

染绿色玛瑙一般为半透明，玻璃光泽，颜色均匀，但常可见平行的色带（图5-28、图5-29）。

3.物理性质

折光率：1.55左右；

相对密度：2.80左右；

摩氏硬度：7；

图5-28 玛瑙的同心环带

二、绿玛瑙与翡翠的鉴别

1.颜色和色形

绿玛瑙颜色比较均匀，有平行的色带，没有翡翠常见的色根（图5-29）。

图5-29 染绿色玛瑙戒面

2.结构特征

抛光表面光滑，玻璃光泽，没有橘皮效应，没有粒状结构。

3.物理性质

相对密度为2.6左右，折射率1.55，都比翡翠小很多。

第十节　绿色石英质玉的特征和鉴别

绿色石英质玉是指天然呈绿色的各种石英岩，常见的品种有东陵石，密玉和贵翠等。与染绿色的石英岩不同，天然的绿色石英质玉与翡翠的区别十分明显，因此在翡翠批发市场上不多见，但常见于零售市场。

一、绿色石英质玉基本特征

1.矿物成分

石英（化学式SiO_2）为主，大约占90%以上。

2.结构特征

石英岩是石英砂岩经变质作用形成，具有等粒、等形状的结构，及由大小和形态相似的石英碎屑镶嵌组成。

图5-30 东陵石项链

3.主要物理性质

折光率：1.55左右；

相对密度：2.80左右；

摩氏硬度：7；

查尔斯滤色镜反应：绿色部分变红色或橙红色；

可见光吸收光谱：红光区以660nm为中心的强吸收窄带。

4.外观特征和品种

绿色石英岩为透明到半透明，玻璃光泽。

二、东陵石与翡翠的鉴别

东陵石是一种含绿色云母的石英岩，绿色云母成中−粗粒状的片状晶体，有定向排列，可出现所谓的“砂金石效应”，即云母片对入射光的定向镜面反射，有点像翡翠的翠性。东陵石的粒状结构非常明显、绿色呈小片状等特点都与翡翠不同（图5-30）。同时，东陵石具有在查尔斯滤色镜下变红，相对密度2.60左右，折射率1.55等物理性质。依据这些特征，不难与翡翠区别。

三、密玉与翡翠的鉴别

密玉是河南省密县产出的石英岩，颜色多样，常见有浅绿、灰绿、浅

图5-31 绿密玉佛像

红、黑色和白色等，其中绿色的密玉（图5-31）与翡翠具有相似的外观，黑色的密玉则可能和墨翠相混。

绿色密玉的颜色是由于石英岩中少量（不到5%）的铁锂云母等矿物引起的，组成密玉的石英碎屑粒度比东陵石细，粒径0.1~0.25mm，但透明度较差，小云母片的闪光与翡翠的翠性相似。绿色密玉的颜色分布均匀，缺乏色根，在查尔斯滤色镜下变红等特点与翡翠不同。另外，密玉的石英碎屑颗粒之间的胶结比较松散，切磨抛光常常造成石英颗粒脱落，产生砂眼。胶结松散也是密玉透明度欠佳的原因。

四、贵翠与翡翠的鉴别

贵翠（图5-32）是产于贵州晴隆大厂一带的次生石英岩，粒度较细，但透明度不好，多为微透明，颜色为天蓝色和浅蓝绿色，并且在查尔斯滤色镜下呈明显的红色。这些特征均和翡翠很不相同，可以区别之。

图5-32 贵翠手链

第十一节　染色石英岩的特征和鉴别

用染绿色石英岩冒充翡翠大概于20世纪80年代末或90年代初见于我国的珠宝市场，开始数量较少，专门假冒高档翡翠戒面（即所谓“高翠”），后来大量地出现在玉市和地摊小贩，并称为“马来玉”、“韩国玉”等混淆视听的名称，最常见为戒面，次为玉扣和项链，其他的玉件则少见。现在，石英岩会被染成各种颜色，如紫色、褐红色、黄色、浅绿色、灰绿色等（图5-33）。染色石英岩与翡翠的鉴别相对比较容易。

一、染绿色石英岩基本特征

染绿色石英岩是把无色、透明度较好的石英岩经过人为地把绿色染料通过石英碎屑的粒间孔隙浸入岩石的内部，染成绿色。主要的特征如下：

1.矿物成分

以石英碎屑（化学式SiO_2）为主，大约占90%以上，其他矿物有长石、粘土矿物等。

(a)　　(b)

图5-33　各种染色的石英岩

(a)染浅绿色、灰绿色石英岩；(b)染色石英岩手链

2.结构特征

石英碎屑组成等粒结构，颜色浓集在粒间空隙造成典型的丝瓜瓤构造。

3.主要物理性质

折光率：1.55左右；

相对密度：2.80左右；

摩氏硬度：7；

查尔斯滤色镜反应：部分绿色品种变红色或橙红色；

可见光吸收光谱：红光区以660nm为中心的强吸收窄带。

图5-34 颜色不均匀的染紫色的石英岩

5.外观特征

染绿色石英岩一般为半透明，玻璃光泽，早期的颜色均匀，色调偏蓝或偏黄，不够自然，现在的产品则更为逼真，颜色可有浅变化，更为自然（图5-34）。

二、染绿色石英岩与翡翠的鉴别

染绿色石英岩的鉴别特点如下：

1.结构特征

用手电筒靠近样品从侧面照射，用肉眼即可以看出石英颗粒等粒状结构。在10倍放大镜下，可以看出丝瓜瓤状的颜色分布特征（图5-35）。

2.可见光光谱

用分光镜（棱镜式分光镜更好）可以观察到红区只有一条较

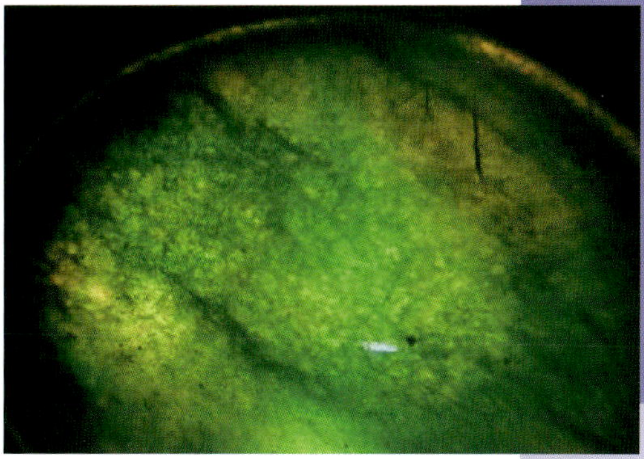

图5-35 丝瓜瓤结构

宽的吸收(图5-36),与天然翡翠三条阶梯状的吸收线特征不同。

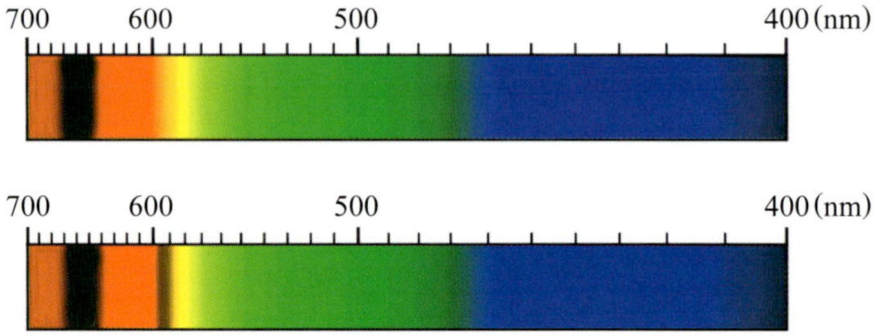

图5-36 染绿色石英岩可见光吸收光谱

3.滤色镜反应

早期的染绿色石英岩在查尔斯滤色镜下变红色,现在大多不变色,但无论是否在滤色镜下变化,都具有相似的可见光吸收光谱,有红区的较宽的吸收带。

4.相对密度和折射率

如在实验室内,还可以根据染绿色石英岩的相对密度和折射率比翡翠小的性质进行鉴别。

第十二节　墨翠的特征和鉴别

黑色的翡翠称为墨翠,是近几年来在翡翠市场上出现的新品种(图5-37)。尤其是在台湾市场对之需求甚旺[7]。在中国传统的玉石中有墨玉品种,是黑色的软玉质玉,在软玉质玉的众多品种中,算是稀有名贵之品。传统观念上认为玄(黑)色能镇邪避恶。所以,黑色的翡翠也深受欢迎。

市场上可称为墨翠的黑色或深灰绿色翡翠有三个不同的品种:一种是质地优良的绿辉石质玉;一种是次生色造成质地较差的硬玉质玉;一种是较纯的微晶质钠铬辉石玉;其他的黑色玉石不应称为墨翠。市场上出现的墨翠及相似玉石的特征与鉴别可概括如下：

一、绿辉石质玉的墨翠

绿辉石玉墨翠是质量最好墨翠品种，颜色从灰绿色到深灰绿色，不透明到半透明，如能透光，在透射光下呈蓝绿色（图5-38）。色深的品种在反射光下有铁灰色的光泽，很有特色。根据这些特征就可以识别出绿辉石玉墨翠。绿辉石玉的其他方面的性质和特点请参看第三章。

图5-37 绿辉石墨翠玉雕

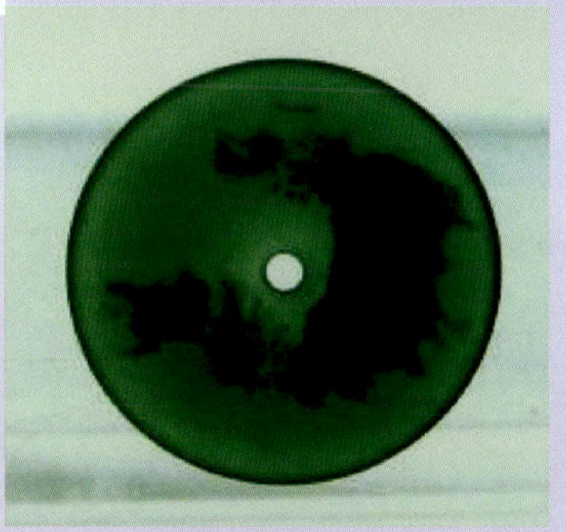

图5-38 绿辉石蓝绿色透射光

图5-39 钠铬辉石墨翠手镯

二、钠铬辉石玉墨翠

当钠铬辉石翡翠中钠铬辉石的含量比较高时，玉石呈深墨绿色到黑色的外观，成为墨翠的一个品种（图5-39）。大多数钠铬辉石玉的墨翠质地不好，含有一定数量的铬铁矿残余，铬铁矿通常为粗粒状，并在强光下呈金属光泽和反光。少数钠铬辉石墨翠质地较纯净，形成质量上佳的墨翠品种。这种墨翠具有折射率高，可达1.72以上。钠铬辉石墨翠不透明，但是在强反射光下可呈墨绿色色调，边沿的透射光为翠绿色。还常见有金属光泽的铬铁矿包裹体，以此与绿辉石墨翠区别。

三、翡翠墨翠

硬玉不具有黑色，但硬玉集合体在地表遭受风化作用的过程中，在靠近外壳的部分形成半风化带，在晶粒的间隙之间因充填黑色的氧化物等物质形成黑色。半风化带（层）也称为“雾”。如果呈黑色的半风化层比较厚，颜色比较均匀，则可以当作墨翠使用。

以硬玉为主要矿物，次生色为颜色成因的墨翠往往具有粒度粗大（图5-40），颜色不够均匀，在透射光下

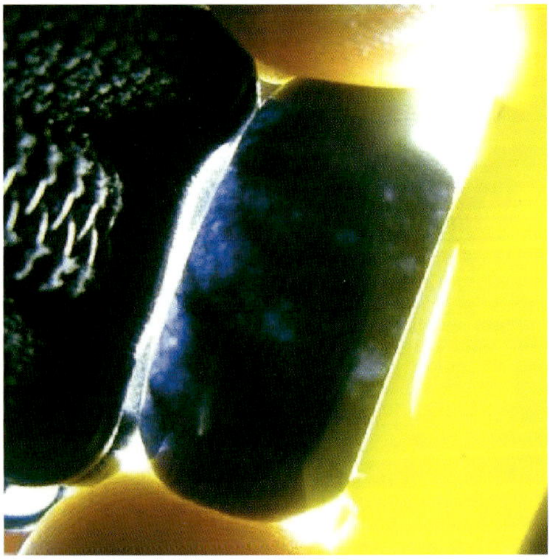

图5-40 翡翠墨翠的粗粒结构

呈灰黑色，并且这时容易看出黑色沿柱状晶粒边界和小裂隙分布的特征。依据这些特征，不难把它与绿辉石墨翠区别开，尽管两者在宝石学参数上可能是一致的。

四、黑色蛇纹石玉

图5-41 黑色蛇纹石玉

蛇纹石呈黑色原因尚不清楚，可能的原因有：①含黑色包裹体，②蛇纹石分子中过多Mg为Fe所置换。黑色蛇纹石玉呈灰黑色至暗绿色，不透明到微透明，蜡状光泽（图5-41）。折射率为1.56~1.57，相对密度2.65，呈蜡状光泽，透射光呈黄绿色，色调上与绿辉石墨翠有点相似（5-42）。但是，黑色蛇纹

图5-42 黑色蛇纹石透射光

石玉通常抛光不好，呈蜡状光泽；含有粒状的磁铁矿和硫化物矿物包裹体，硫化物包裹体在强光下呈黄色的金属反光，磁铁矿在强光下呈银白色的金属反光（图5-43），这些特征与绿辉石、钠铬辉石、翡翠的墨翠不同，易于区别。

图5-43 金属包裹体

五、黑色角闪石玉

黑色的角闪石质玉，一种是与硬玉伴生（或共生的）碱性角闪石为主的集合体；另一种是非常少见的软玉品种，一般不出现在翡翠市场上，有关性质和特征可见本章的软玉一节，并用“墨玉”为名称。所以黑色角闪石玉专指碱性角闪石为主的玉石。

黑色角闪石在翡翠矿床是一种常见的伴生（共生）矿物，既可呈脉状、团块或浸染状的形式产于翡翠的矿体中，也可以分布在翡翠矿脉的两侧。黑色角闪石由于结晶粗大，解理面发育一般不具备玉石必须有的细腻结构，以往极少使用，从2005年起，也在玉器市场上出现，通常做成圆珠手链（图5-44）。

图5-44 角闪石玉仿墨翠珠链

外观特征是黑色，微透明，无温润感，具有明显的解理面，并可出现墨绿色的闪光。角闪石中可以包裹有具有金属光泽的铬铁矿包裹体，依此不难与其他品种区别。

角闪石玉的物理性质是折射率1.62，相对密度2.66~2.80。与各种墨翠也有较大的区别。

第十三节　仿翡翠玻璃的特征和鉴别

仿翡翠玻璃是久有历史的翡翠仿制品，业内常称为“料器”或“料石”，在所谓的旧翡翠玉器中也常常见到是“料器”的仿冒品，而且种类很多，大至镯子，小至戒面，都有“料器”制作的。现在市场上仿翡翠的绿玻璃更为常见（图5-45），在旅游品小集市，低档的宝石或玉器市场，均比比皆是，仿翡翠玻璃与翡翠的差别很大，易于辨认，主要的区别如下：

（1）仿翡翠玻璃的颜色往往比较均匀，如有色带，通常是呈流纹状。

（2）仿翡翠玻璃中常可见到气泡，特别是早期的料器，气泡特别的明显，现代制作工艺较好的仿翡翠玻璃的气泡虽然比较小，用10倍放大镜配合手电光照明也能看到，多呈粉绿色的小球状。

图5-45　玻璃手镯

(3)一种脱玻化的绿色玻璃具有肉眼下即可见的放射状(或草丛状)镶嵌状的图案(图5-46),另一种称为"南非玉"的玻璃,稍为放大,即可见到羊齿植物状的图案(图5-47)。这种玻璃仿制品具有一定的仿真性,常常会使人对之产生误解,而当作贵重的翡翠。

(4)玻璃的比重小,相对密度2.5左右,重量比翡翠轻很多。折射率一般1.54左右,也比翡翠小很多。但是,玻璃的这些物理性质随着其化学成分的变化可以发生很大的变化,有的玻璃这些性质可以达到与翡翠接近甚至相同的数值。

图5-46 草丛状花纹

图5-47 羊齿植物状花纹

第十四节 天河石的特征和鉴别

天河石是钾长石的一个品种,由于含少量的铷和铯而呈绿色、蓝绿色和天蓝色,是典型的酸性花岗伟晶岩的造岩矿物,产地多、产量大,很早就被用作饰品材料,也是一种大众化的宝石材料。由于天河石多为微透明,故常切磨成弧面型的戒面或用作雕刻。

天河石仅仅是颜色与翡翠有些相似,成品的鉴别比较容易,但在翡翠市场上,会遇到天河石的毛矿冒充翡翠山料和仔料的情况,要加以注意。鉴别的特征如下：

一、天河石基本特征

1.矿物成分

微斜长石的一个品种，成分为$KAlSi_3O_8$，含有少量Rb和Cs，造成天蓝色的颜色。

2.结构特征

单晶体，不具有多晶集合体的结构特征，所以看不到粒状结构的特征。解理面常见，具有闪光，但天河石的解理面很大，方向单一，与翡翠杂乱的翠性闪光不同。常见聚片双晶，并形成平行的细线状的双晶纹（图5-48）。

图5-48 天河石的双晶纹

3.外观特征

天河石通常为微透明，玻璃光泽，浅蓝绿色–艳天蓝色，常有白色或粉白色的钠长石的出溶体，而呈条纹状或斑纹状（图5-49）。

图5-49 天河石的斑纹状结构

4.主要物理性质

天河石的相对密度为2.56，折射率为1.522～1.530，双折射率为0.008。无特征吸收光谱，长波紫外光下呈黄绿色荧光，短波下无反应。

二、天河石成品的鉴别

一般来说，有这种特征的天河石不会或少用来仿冒翡翠，但不是所有的天河石都有钠长石的出溶体，没有出溶体的天河石在外观上与翡翠绿更为相似。

天河石的比重小，折射率低，也可以用来作为鉴别的可靠性质。

三、原石的鉴别

天河石的大块原石常常是由多种矿物，甚至包括围岩碎块混在一起的岩石，多呈半透明到微透明，岩石上的绿色部分是天河石。天河石呈伟晶状，单个晶体可达10~30mm，因而会出现大的解理面，若仔细观察，在这种平坦的解理面上还常可看到密集平行的聚片双晶纹。

此外，天河石的重量比翡翠轻很多，颜色的色调偏蓝色，易于识别。

第十五节　符山石玉的特征和鉴别

符山石玉又称加州玉，是由细粒的符山石组成的绿色集合体，最早发现于美国加州。抛光后的符山石玉在外观上与翡翠极为相似，凭肉眼往往不易区分，不过在市场上比较少见[8]。

一、符山石玉的基本特征

1.符山石玉的矿物组成

符山石是一种复杂的硅酸盐，$Ca_{10}Mg_2Al_4(Si_2O_7)_2(SiO_4)_5(OH)_4$，符山石玉的矿物成分主要是符山石和钙铝榴石。

2.符山石玉的结构和外观特征

符山石玉是由微晶质的符山石和钙铝榴石组成的致密块状集合体，在10倍放大镜下看不出粒状结构，颜色为黄绿色到绿色，较透明到半透明，抛光表面呈玻璃—油脂光泽，常含有石花状的包裹体。

3.符山石玉的物理性质

折光率：1.72左右，高于翡翠；

相对密度：3.25~3.32；

吸收光谱：绿色符山石玉在460nm有明显的吸收线。

二、符山石玉与翡翠的鉴别

（1）绿色的符山石玉无论在色调上还是质地上都与质量中上乘的翡翠十分相似，但颜色分布比翡翠均匀，而且颜色较浅。

（2）绿色符山石玉的吸收光谱位于460nm，与翡翠的437nm有较大区别。

（3）符山石玉的折光率（1.72左右）高于翡翠（1.66左右）。

第十六节　染绿色大理岩的特征和鉴别

染绿色大理岩与染绿色石英岩同为人工染色的材料，但在用途方面却有明显的区别，染绿色大理岩多用作手镯、雕件等较大的仿翡翠制品，主要见于低档的玉市。染绿色大理岩与翡翠有相当明显的区别：

（1）染绿色大理岩的颜色往往呈比较深，以蓝绿色调、微透明到不透明。

图5-50 染绿色大理岩手镯

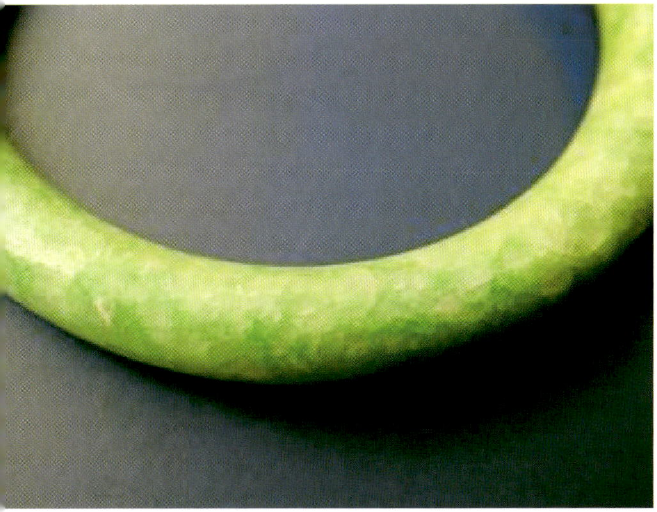

（2）染绿色大理岩的相对密度小，手感很轻。

（3）染绿色大理岩的质地疏松，敲击声异常沉闷，而且颜色沿小裂隙、粒间孔隙浓集和分布的现象非常明显（图5-50）。

（4）染绿色大理岩的

晶粒一般较为粗大，解理发育，也常可见到解理的闪光，与翡翠的翠性有点相似，要注意区别。

第十七节　半透明祖母绿的特征和鉴别

祖母绿是铍硅酸盐矿物，也是名贵的玉石，高质量的透明的祖母绿的售价不低于上好翡翠，两者之间也不存在相似之处。与翡翠看上去相似是质量不高的半透明祖母绿。半透明祖母绿因为含有大量的内含物而呈半透明状，可呈美丽的翠绿色和绿色，但不是多晶集合体，缺少翡翠所具有的翠性和豆，颜色分布也比较均匀，没有色根。但是，有些半透明的祖母绿切磨的小戒面不易与翡翠区别，这时要注意下面的特征。

一、抛光表面的特征

半透明祖母绿的抛光面为玻璃光泽，可能会有因裂隙造成的凹坑，或者起伏，但是没有橘皮效应现象（10倍放大镜下观察），也不能看到与粒状结构有关的晶粒界线（图5-51）。

图5-51　半透明祖母绿戒面

二、颜色分布特征

尽管半透明祖母绿可以出现颜色分布不均匀的情况，但这是由晶体的色带造成的，仔细用10倍放大镜观察，不存在脉状、丝片状或团块状的颜色分布特征。

三、物理性质

祖母绿的折射率1.56~1.58，相对密度约2.80，都小于翡翠，有些祖母绿在滤色镜下变红色，在紫外灯下有暗红色的荧光，或者有浅绿色的荧光。

表5-1　翡翠及相似玉石的主要特征

名称	折射率	重液反应（二碘甲烷）	查尔斯滤色镜反应	吸收光谱特征	外观特征（放大观察）
翡翠	1.66	3.30~3.36 悬浮或缓慢浮或沉	不变红	红光区可显三条吸收带，紫光区437nm有一吸收线	颜色不均匀，有色根，有翠性，粒状结构，橘皮效应，石花、石脑
软玉	1.62	2.95 漂浮	不变红	绿区509nm有一吸收线	颜色均匀光泽柔和、黑色点状分布
独山玉	1.56~1.70	2.73~3.18 漂浮	粉红色	无	斑杂状色斑、黑色点状内含物
（水）钙铝榴石	1.70~1.73	3.45 下沉	粉红色	蓝区可显吸收带（461nm）	颜色不均匀常呈点状、小团块状色斑
蛇纹石玉	1.56~1.57	2.44~2.84 漂浮	不变红	无	絮状物、黑色包裹体、强光泽的硫化物
绿玉髓	1.53	2.65 漂浮	不变红	无	颜色均匀、无色脉状
东陵石	1.54	2.60 漂浮	不变红	无	片状的云母、明显的粒状结构
染色石英岩	1.54	2.60 漂浮	不变红或粉红色	红区660~680nm有吸收窄带	颜色集中于粒间间隙、呈树根状分布
玻　璃	1.52~1.75	多变 悬浮	不变红	无	流纹、气泡、脱玻化花纹
磨西西	1.54	2.65 漂浮	不变红	无	翠绿色、云雾状色形
钠长石玉	1.53	2.66 漂浮	不变红	无	白色絮状物、墨绿色灰蓝色的飘花
天河石	1.53	2.95 漂浮	不变红	无	大的解理面、聚片双晶纹、钠长石出溶体
符山石玉	1.72	悬浮或缓慢浮或沉	不变红	460nm的吸收线	白色絮状物、无粒状结构
半透明祖母绿	1.56	2.70漂浮	粉红色	红区Cr吸收线	愈合裂隙和絮状物

参考文献：

[1] 谭立平.宝石学.台北：徐氏基金会，1992.

[2] 黄振宇.酷似翡翠的Ca-Al榴石玉.南阳：全国第三次宝石玉学术交流会论文摘要汇编，1993：29~30.

[3] W.Zabinski. Transvaal “Jade”. Z.Dt. Gemmol. Ges，1991，40(4)：235~239.

[4] 陈志强.袁奎荣.缅玉新种——钠长石翡翠.中国宝玉石，1994(4)：22.

[5] 周经纶.玉石天命，台北：号角出版社，1989.

[6] 王时麒.翡翠市场的“四大杀手”剖析.北京：新世纪宝石学，2000.

[7] 黄义仁，李育成，陈寿康.墨翠之研究.珠宝界，1997(46)：129~133.

[8] 余晓艳.国内市场观一种新的翡翠相似品.中国宝石，1998(27)：52.

第六章　翡翠的优化处理和鉴别

人类对宝石材料的处理由来已久，公元初的古希腊多产作家C.Pling（公元23~79年）的著作中就有用充油、染色、拼合和贴泊等方法改变宝石外观的记载[1]。由于从大量开采出的宝石矿石中只能找到很少的宝石具有人们所希望的品质，用一定的方法使大量的平庸之材变成优质的宝石，其利诱之大不言而喻。最早翡翠的处理起于何时，尚无法得到考证，但1962年出版的《Gems——Their Sources, Descriptions and Identification》一书中已有关于染色翡翠及其鉴别特征的阐述[2]。20世纪以来，随着科学技术的飞速发展，对翡翠进行的优化处理方法也越来越多，识别也越来越困难，尤其是20世纪80年代初出现的所谓的翡翠B货。

任何的宝石材料都要经过一定的工艺加工，正所谓“玉不琢，不成器”，所以不能把属于正常加工工艺的方法当作人为的优化处理看待，必须对优化处理进行严格的界定：优化处理是由优化方法（或类型）和处理方法（或类型）两个不同概念的组合。优化方法是指在长期的宝石工商业中已广为人知的传统的（不包括切磨抛光）、而且对宝石的耐久性没有损害的加工工艺；而处理方法则相反，是非传统的对宝石的耐久性有损害的加工工艺。对翡翠来说，属于优化类型的加工工艺有过灰水、杨梅水、上蜡（燉蜡）和焗色（图6-1），属于处理类型的加工工

图6-1 酸洗染色充胶处理翡翠手镯

艺有染色、拼合、涂膜、镀膜、酸洗和充胶等。翡翠的燉蜡应视情况区别对待，或当作优化的或当作处理的。

虽然处理翡翠并非毫无价值，而且从更充分地利用天然资源的角度上看，也不失为一件好事，但是处理翡翠的价值与等同外观天然翡翠相差很大，而且又因处理翡翠与天然翡翠性质十分相似，容易造成混淆，易于被恶意利用，所以从维护翡翠（乃至整个珠宝）行业的健康发展，保证买卖的公平和公正的角度，必须对经过处理方法加工的翡翠进行区别，并在商业交易中给予明示，这是每一位业者的责任。

第一节　翡翠的酸洗充胶处理（B货）及其鉴别

20世纪70年代末或80年代初，一种新型的处理翡翠出现在香港的市场上，行家称之为“冲涼货”（即洗过澡的意思），后来称为“B货”。这种处理可以看成传统加工工艺中“杨梅汤”和燉蜡的翻板：用强酸代替杨梅汤，用树脂胶代替了川蜡。B货翡翠的识别的鉴定特征都与以往的处理翡翠不同，开始找不到准确的鉴定标志，使得商人从香港购买翡翠的信心大大失落，继而对香港乃至全球的翡翠交易都产生了消积的影响。20世纪80年代末到90年代初，原来严加保密的B货翡翠的加工工艺逐渐暴露，对B货翡翠的研究也日益深入，对它的认识也日益全面，同时也发展了很多新的鉴定技术，如红外光谱仪、拉曼光谱仪等，也因此在珠宝行业得到进一步的应用。现在，对B货翡翠的鉴别技术已经相当成熟，B货翡翠的鉴别特征也被较彻底地了解，从理论上说，B货翡翠的鉴定已不存在问题（图6-2）。所以近几年来，对B货翡翠的讨论日渐减少。但是，优化处理的工艺技术也在改进和变化，目前相对平静的气氛后

图6-2　B货翡翠挂件

面，也许正在酝酿另一场风暴，对优化处理工艺的变化、改进和出现新的处理方法的动向和可能性不可失去警惕性。

一、酸洗充胶的工艺方法

翡翠进行B货处理的工艺是厂家秘密，具体的工艺过程和参数仍然知道不多，从工艺流程上看，第一步是选择适用于处理的翡翠原料，然后切割，酸洗漂白，碱洗增隙、清洗烘干，真空注胶和固结。主要工序的工艺要点是：

1.选料

合适于B货处理的翡翠原料是含有次生色，结构较为松散，晶粒较为粗大，质地较为低劣的翡翠品种。如有明显黄褐、黑灰次生色，并严重影响绿色表现的翡翠品种，质地粗劣不透明的翡翠品种，如八三玉。质地致密，含黑癣的翡翠品种一般不适于处理，透明度好，无明显脏色的翡翠也不用作B货处理。原因有两个，其一是这种类型的翡翠不易被酸或碱漂白，黑癣是角闪石类矿物，也不易被酸碱溶蚀；其二是质地好，颜色尚好的翡翠，不处理的价值高于处理后的价值。

2.切割

为了使酸洗和充胶更为充分和快速，要把大块的原料根据需要切割成一定厚度的玉片或玉环。最早的B货是直接对切磨好的成品进行处理，现在由于B货处理的规模扩大，工艺更为规范，用成品进行处理的情况已很少见了。

3.酸洗漂白

酸洗漂白是制作B货最为重要的环节之一，用各种酸（如盐酸、硝酸、硫酸、磷酸等）浸泡选好的原料，一般要泡2~3周，也可以略为加热以加快酸洗的过程，加热以不超过溶液的沸点为准。在浸泡过程中还要时时更换溶液，酸洗的目的是除去黄褐色和灰黑色（图6-3）。

图6-3 翡翠酸洗漂白处理

4.碱洗增隙

经酸洗后的翡翠原料，虽然除去了氧化物类的杂质，但是孔隙度还不够大，不利于树脂胶的充填，为此把酸洗漂白过的原料清洗干燥后再用碱水溶液（烧碱NaOH溶液）加温浸泡，碱水对硅酸盐的腐蚀作用，可起到增大孔隙的效果。

碱洗的另一个目的是中和酸洗造成的酸性。

漂白后的翡翠往往成渣状，甚至用手指就能把它捏碎（图6-4）。有些B货翡翠的处理不使用碱洗的工序，或者仅用弱碱起到中和作用。有人称经过碱洗的工序的B货为“大B”。

图6-4 酸洗漂白后的白渣状翡翠

5.充胶

充胶是制作B货翡翠必然的一个环节，因为经过酸洗漂白及碱洗增隙之后，翡翠的裂隙和孔隙增多，致密度下降，抗机械力的能力下降，透明度变差，必须用树脂胶进行固结，以增加强度和透明度。常用的树脂胶的种类有聚苯乙烯类树脂，邻苯二甲酸类树脂和苯氧树脂等，要求树脂为无色透明或者淡绿色透明，流动性好，固结后有较大的强度。做法是把酸洗碱洗后的原料烘干，放在密封的容器中抽真空，达到一定的真空度后，在容器中灌入足够的胶使翡翠原料完全浸入胶中，然后还可以增加压力，使胶能够把所有空隙都充填到。

6.固结

在胶还未完全固结之前，把翡翠原料从半固结状态呈黏稠状的胶中取出，放在锡纸上放入烤箱烘烤，烘烤的温度不可过高，过热会使树脂胶老化发黄。也不可烘烤不足，否则胶固结不彻底，硬度及脆性不够，影响以后的切磨（图6-5）。

二、酸洗充胶处理的作用和产生的影响

理解处理工艺过程的主要环节所起的作用和对翡翠产生的影响，有助于更透彻地认识B货翡翠的各种性质和特征。

1.酸洗和碱洗的作用

翡翠在酸洗过程，因风化作用等原因充填在翡翠的裂隙、小裂隙、硬玉晶体的小解理缝和硬玉晶体颗粒之间的结合缝内的各种氧化物和杂质与强酸发生化学反应形成可溶性的化合物，例如铁的氧化物可经化学反应：

$Fe(OH)_3+3HCl \rightarrow FeCl_3+3H_2O$

形成氯化铁（$FeCl_3$）被溶液带走，起到了除去杂色的作用。

裂隙越大，酸性溶液越容易浸入，酸洗作用也越强。同时，硬玉晶体表面上的氧化层也会遭到溶蚀，削弱了晶体颗粒之间的结合力。

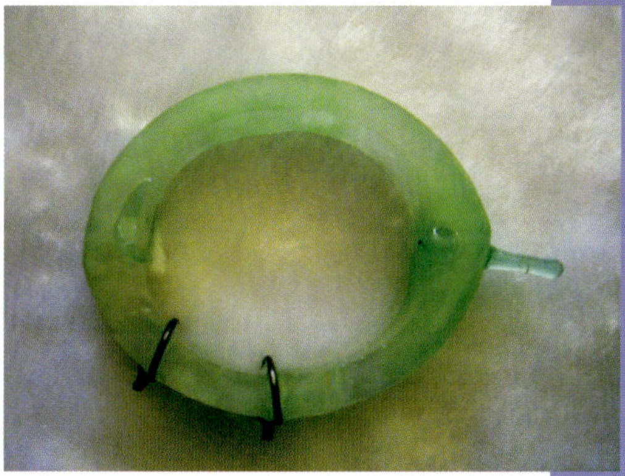

图6-5 充胶固结后的翡翠手镯

强酸还可以与硅酸盐矿物发生化学反应，例如：钠长石在酸的作用下发生下列反应：

$NaO \cdot Al_2O_3 \cdot 6SiO_2$（钠长石）$+HNO_3 \rightarrow Al(NO_3)_3+NaNO_3+SiO_2$

形成的NaCl和$Al(NO_3)_3$溶于酸中，而SiO_2不溶解，仍然会沉淀在原地。

碱洗的作用之一就是溶蚀SiO_2，例如SiO_2与NaOH可发生

$SiO_2+NaOH \rightarrow Na_2SiO_3+H_2O$

的化学反应，而把SiO_2溶掉，达到增大孔隙度的作用。

2.酸洗和碱洗产生的影响

酸洗和碱洗不仅仅除去了产生次生色的氧化物，使翡翠变白，同时溶蚀了组成翡翠的硬玉晶体，在强酸和强碱的作用，裂隙附近的硬玉

最容易受到侵蚀，使裂隙扩大，硬玉晶体的边棱角会被侵蚀，使得矿物晶粒之间的间隙变大，更利于后续的充胶工序。经过酸洗和碱洗后的翡翠颜色变白、孔隙度增大、透明度变差、机械强度变差，不能直接使用，需要充胶来提高透明度和机械强度（图6-6）。

3.树脂胶产生的影响

树脂胶产生的影响不只是增加强度和提高透明度。树脂胶固结之后，在孔隙中存留下来，含有天然翡翠所没有的树脂胶，改变了翡翠的化学成分；另一方面树脂胶的硬度小于硬玉和其他的组成矿物，使得经过处理的翡翠的硬度差异更大，在抛光面上可以出现特征的龟裂纹状；再者树脂胶的相对密度小于翡翠的组成矿物，导致处理后翡翠的相对密度变小；另外，树脂胶还可能具有较强的自外荧光。总之，固结在翡翠中树脂胶导致了翡翠在化学成分和物理性质都发生了许多变化，这些变化成为鉴别B货翡翠的关键特征。

图6-6 翡翠处理前后的变化

处理前（左）颜色带有灰褐色。酸洗漂白（中）后颜色变白、孔隙度增多、透明度变差。充胶后（右）透明度明显提高、绿色显现，灰褐色消失。

三、B货翡翠的鉴定特征和识别

经过漂白注胶处理的B货翡翠，具有多种有鉴定意义的特征，“大B”处理的B货翡翠的鉴定特征通常非常明显，但是，由于切磨抛光工艺的改进、处理程度的不同等原因，有一部分B货翡翠可能在常规手段下很难发现有意义的鉴定特征。所以对翡翠的鉴定一定要多方面的观察，在有条件的情况下，还要积极应用先进的分析仪器，以期对翡翠的真伪做出准确可靠的结论。

对B货翡翠最便于识别的典型特征和方法如下：

1.酸蚀网纹

酸蚀网纹又称龟裂纹，是因为充填在B货翡翠的矿物颗粒间隙内的树脂胶的硬度较低，在切磨抛光时，低硬度的胶容易被抛磨，形成下凹的沟槽，沿着颗粒边界分布，形态像干裂土壤的网状裂纹，故又称为龟裂纹。在放大镜或显微镜下观察时，B货翡翠可见细线状围绕着每一个晶体颗粒连通状的网纹（图6-7）。如果，翡翠被酸洗的过于强烈、或者胶结处理不够理想，抛光表面还会出现大量的砂眼（即没有抛光的凹坑），这些砂眼是由于处理后硬玉颗粒之间的结合力受到损害，在切磨和抛光的机械作用下发生脱落造成的（图6-8），这种现象在B货翡翠出现的早期阶段（1980—1990年）比较常见。

酸蚀网纹的特征与下列几个因素有关，要加以注意。

（1）翡翠的粒度，组成翡翠的硬玉晶粒越粗大，酸蚀网纹往往也越明显，粗—中粒结构的B货的网纹在肉眼和10倍放大镜下即可观察到。微细粒的则必须在宝石显微镜下观察，才能看到。

（2）翡翠酸洗溶蚀的程度，翡翠被处理的越强烈，充填的树脂胶越多，酸蚀网纹也越清楚，反之则不太清楚（图6-9）。

（3）抛光的工艺技术，用软盘抛光或者振动抛光机抛光的B货翡翠，酸蚀网纹比较明显。用改进的钻石粉抛光工艺加工的B货翡翠，则可能不明显，甚至观察不到。

图6-7 酸蚀网纹

图6-8 有明显酸蚀网纹和大量砂眼的B货翡翠

图6-9 酸蚀网纹不太明显的B货翡翠

(4)酸蚀网纹必须在抛光程度好的或者能够被抛光好的部位上观察，抛光不好的表面上，磨痕、砂眼、凹坑、颗粒界线等与酸蚀网纹类似的现象太多，没有经验时很难区别。

(5)酸蚀网纹与翡翠正常的“橘皮效应”不同，橘皮效应(图6-10)是因集合体中不同颗粒晶体的硬度有所差别，较软的颗粒在抛光过程中亦被磨蚀，形成下凹状的抛光面，下凹的颗粒与周围较硬的颗粒的边界有一个圆滑过渡的斜坡。而B货翡翠的龟裂网则是沿着颗粒边界形成的下凹的小缝隙。虽然B货翡翠也存颗粒之间的硬度差异，并也会形成橘皮效应，但因为颗粒之间存在硬度更小的树脂胶，使得下凹与凸起的表面之间缺少斜坡状的过渡区（图6-11、图6-12）。

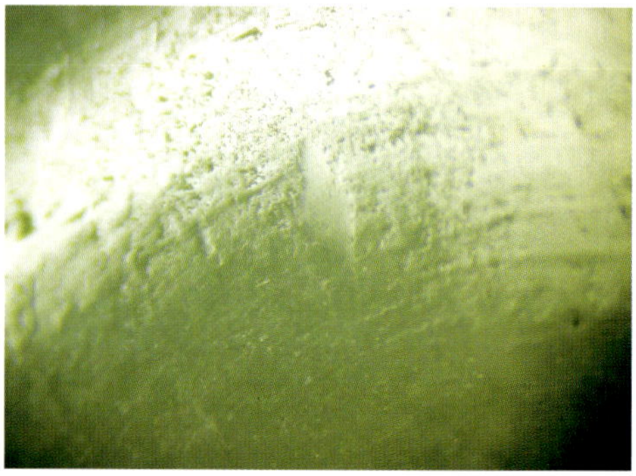
图6-10 翡翠的橘皮效应

图6-11 B货翡翠的橘皮效应

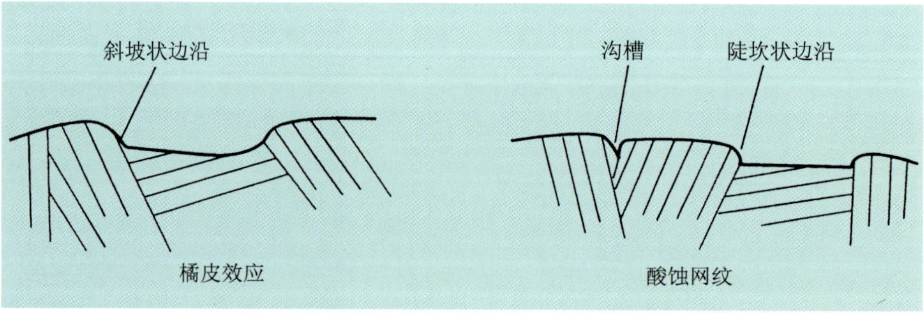

图6-12 橘皮效应和酸蚀网纹的成因与区别示意图

2.酸蚀充胶裂隙特征

裂隙是最易于受酸洗和充胶的部位，如果在样品上有裂隙存在，则应对之进行重点观察，并查找证据。

（1）B货翡翠中较大的裂隙内会充填有较多胶，在抛光后呈现下凹的平面，在反射光下通过显微镜可见到呈油脂状（反光较弱）的平面（图6-13、图6-14），如同流水的水沟。没有充胶的裂隙则不会出现这种平面，没有油脂光泽，如同干枯的水沟。要注意的是，具有蜡状光泽的下凹弧面的裂隙，不一定就是充胶裂隙，因为，翡翠制品的上蜡工序也会使裂隙产生这种现象。

（2）充胶裂隙的另一个特征是：在表面上非常清楚的开放裂隙，延伸到内部的部分却不明显，也不会对光线的通过产生阻挡作用（图6-15、图6-16）。当裂隙较为平直时，甚至还可见到充填其间的透明状的树

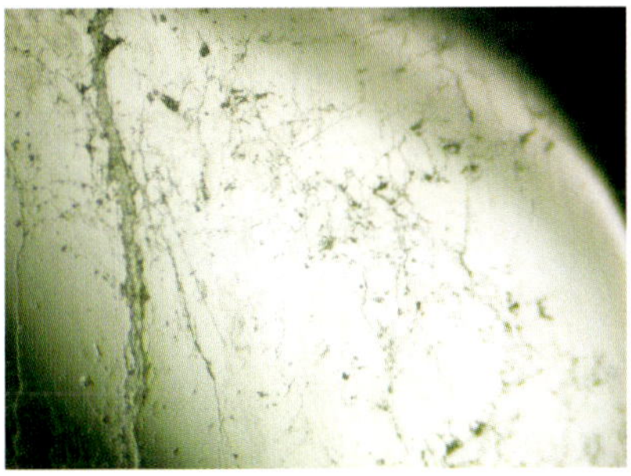

图6-13 下凹油脂光泽的充胶裂隙

图6-14 细小的充胶裂隙

图6-15 表面明显的充胶小裂隙

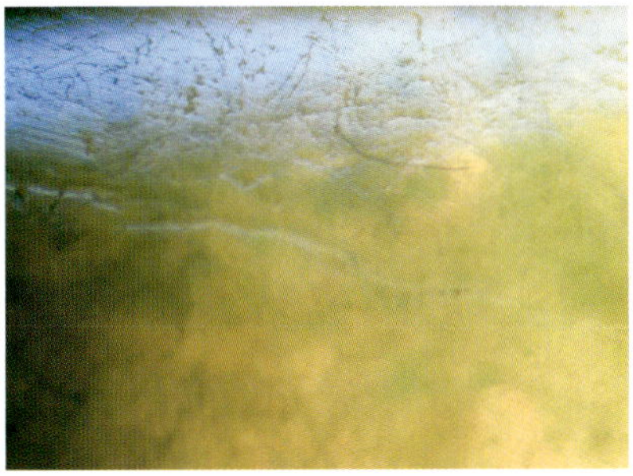

图6-16 透射光下看不到内部有裂隙

脂胶。天然的愈合裂隙的特点正好与充胶裂隙相反，愈合裂隙在翡翠的内部非常的清晰（图6-17），但是表面上没有痕迹（图6-18）。

图6-17 延伸到内部的愈合裂隙

图6-18 愈合裂隙在表面没有痕迹

3.充胶的溶蚀坑

溶蚀坑也是B货翡翠的典型特征，是由于翡翠中含有某些局部富集的易受酸碱侵蚀的矿物，如铬铁矿、云母、钠长石等，在处理过程中被溶蚀形成较大的空洞，在后续的充胶处理中，空洞中填充大量的树脂胶，当这些充填了树脂胶的空洞被切磨到翡翠的表面，由于树脂胶的硬度比翡翠的组成矿物的硬度低得多，在抛光工序中就容易被剥蚀，形成比较深的凹坑（图6-19），甚至还可观察到胶中封闭的气泡（图6-20）。

图6-19 充胶凹坑

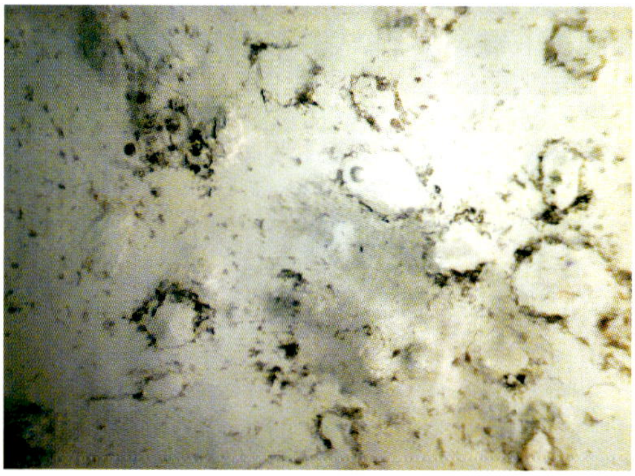

图6-20 充胶凹坑中的气泡

充胶凹坑的外观与翡翠的橘皮效应有些类似，需要区别，其识别特征是：下凹的凹坑，具有几何状规则的边沿，凹坑内具有油脂光泽的表面。与翡翠的橘皮效应的不同在于下凹的程度更深和凹坑内的光泽较橘皮效应差，橘皮效应为玻璃光泽，与没有下凹的部分的光泽一致；充胶凹坑内的光泽比凹坑外部的光泽低，多为油脂光泽。

4.底色干净，没有杂质

由于经过了酸洗漂白，翡翠中所含的氧化物和其他易溶的杂质被溶解，黄底和脏底被清除，但浅绿和粉藕底色仍会存在，仔细观察翡翠白色的部分，如果是B货则特别白，没有杂质没有灰黄的成分（图6-21）。仔细观察浅绿的部分，也可以发现类似的特征，绿色显得特别鲜纯，无黄灰色调的干扰。观察时要用白光透射，如对着窗户或者对着日光灯管观察（图6-22）。但是，也有少量酸洗不彻底的和使用带有黄色调树脂胶的B货翡翠，看不出这一特征。天然翡翠在放大观察时常可见到小锈斑，小黑点杂质，特别是在微裂隙中总可以见到各种杂质充填其间。

图6-21 A货翡翠带黄色 B货翡翠无

(a)

(b)

图6-22 透射光下A货翡翠(a) B货翡翠(b)

5.晶粒界线不清

B货翡翠由于晶粒之间充填了透明度高的树脂胶，弥合了晶粒之间的空隙，增强了光线的透射，故在观察B货翡翠的内部结构时，会发现晶粒之间的边界模糊不清，尤其是粒度粗的B货翡翠与天然翡翠的差异非常明显。用侧射光照射天然翡翠时，光的传播明显地受到翡翠的粒间边界或微裂隙的阻挡，翡翠中的粒状结构非常清晰，而同样粗粒的B货翡翠则不然（图6-23、图6-24）。

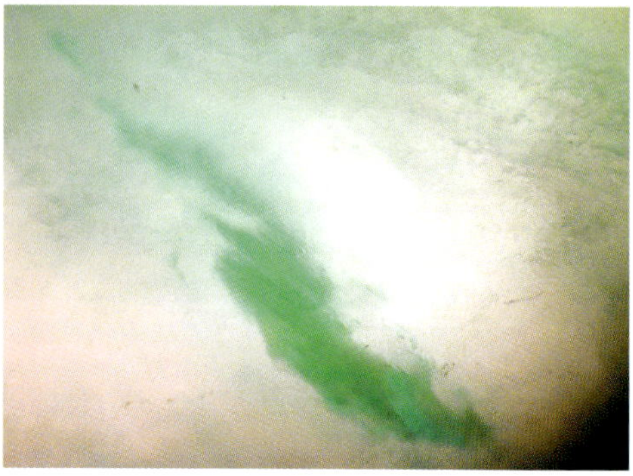

图6-23 B货翡翠颗粒界线模糊不清

6.油脂感

长期从事翡翠交易的行家对翡翠的外观相当的熟悉，并且对外观的类别也多有系统的划分和总结，在这一基础上，很多行家都可以看出B货翡翠具有“油脂感”，其特点是翡翠各处的透明度较为均匀，尤其是白色部位的透明度与绿色部位的透明度一致，甚至更高；而且白色部位颜色不够白；有的还由于表面抛光不好，具有油脂光泽，这些因素造成了所谓的油脂感（图6-25）。

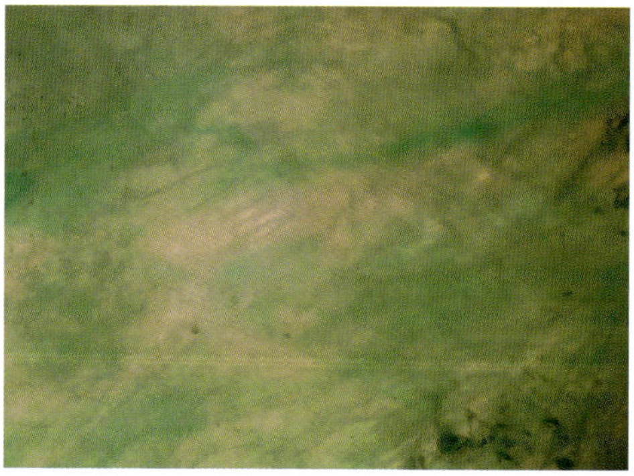

图6-24 天然翡翠的颗粒界线

(a) (b)

图6-25 天然翡翠(a)与B货翡翠(b)的油脂感不同

7.敲击声沉闷

测试翡翠手镯和挂件的敲击声是非常便捷的一种方法，B货翡翠的敲击声多为沉闷嘶哑，不够清脆，与天然的不同。这一测试要注意，不能用手持住玉件，最好把玉件用细线吊起，用一另块实心的玉件轻轻敲击。天然翡翠如果有裂纹，或者质地疏松也会出现嘶哑和沉闷的敲击声，要加以注意。另外，由于使用的树脂胶的性能也会对敲击声产生影响，尤其是使用了高强度的树脂胶之后，许多的B货翡翠手镯的敲击声清脆到和上好质地翡翠几无区别的程度。所以以往认为很有效果的这一方法，现在需要慎重对待。

8.紫外荧光

天然翡翠很少出现紫外荧光，只是部分白色的翡翠可能在长波紫0外光下发橘黄色的弱荧光，但是，经过酸洗充胶处理的B货翡翠一般都有弱到强的蓝白色荧光。B货翡翠荧光的强弱与充填的树脂胶的种类和数量有关，早期的B货翡翠有很强的蓝白色荧光，但20世纪90年代以后制作的B货翡翠已很少见有强荧光的现象。

图6-26 重液试验

2个B货翡翠在重液中漂浮；1个天然翡翠在重液下沉

依据紫外荧光最大的问题在于，经过上蜡的尤其是浸蜡的翡翠也具有弱到中等的蓝白色荧光，目前，在紫外灯下无法区分出树脂与蜡的荧光。所以紫外荧光只能作为辅助性的鉴定方法。

9.相对密度

一般地说翡翠经过酸洗充胶之后，相对密度会明显地降低，尤其是所谓的经“大B”处理的翡翠，这些B货翡翠的相对密度会明显地小于3.30，在纯二碘甲烷的重液（相对密度值约3.30）中上浮。根据实际工作的经验，绝大部分的B货翡翠在二碘甲熔重液中上浮（图6-26）。但是，要注意的是，有一部分的天然翡翠，由于含有相对密度小的矿物，如绿辉石，钠长石等，也会在3.30的重液中上浮。同时，还有部分酸洗处理轻，充填树脂不多的B货翡翠的相对密度与天然翡翠相似，在二碘甲烷重液中下沉或悬浮。

尽管如此，重液不失为一种便捷并且客观地鉴别B货翡翠的方法。

10.酸滴试验

酸滴试验是用来鉴别B货翡翠的一种特殊的方法，由王福泉（1993）[3]最先提出，后有侯舜瑜（1995）[4]和张盛弘（1995）[5]相继的研究。在翡翠的表面滴上一小点稀盐酸置于显微镜（约放大40倍）下观察，天然翡翠可在酸滴外缘出现汗珠，特别是汗珠会沿纹理成串出现，形成蛛网状，酸滴在天然翡翠表面上干涸较快，并会留下汗渍（图6-27）。B货翡翠则无汗珠反应，酸滴干涸的速度也慢，无明显的污渍（图6-28）。张盛弘还指出，即使是经酸洗处理后未充胶的翡翠，也不会出现蛛网状的水珠。

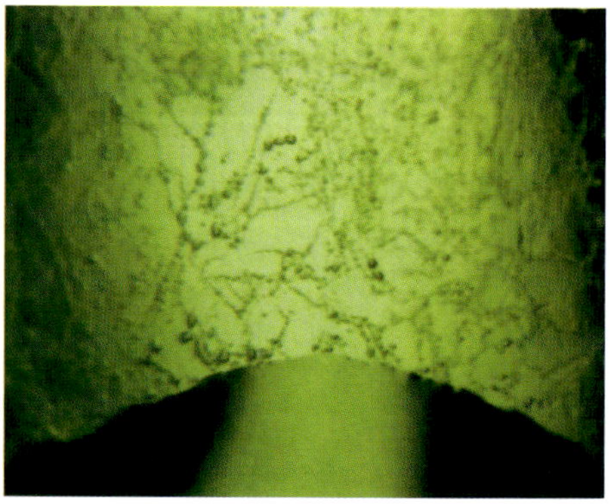

图6-27 天然翡翠的蛛网现象

这一测试的原理是天然翡翠微细孔隙的毛细作用，上述的现象是由于酸洗充胶翡翠的毛细孔隙已被树脂胶充填封闭，不会发生毛细作用；而只经过酸洗没有充胶的翡翠孔隙大且多，稀盐酸渗入到内部去了，也不会发生渗出表面的现象。

图6-28 B货翡翠不出现蛛网现象

四、B货翡翠的红外光谱特征

红外光谱仪能够准确并且灵敏地探测出翡翠样品中是否含有B货翡翠所特有的树脂胶。尤其是20世纪80年代中后期计算机技术的快速发展，使傅利叶变换红外光谱仪更为小型化，价格更低廉，成为鉴别翡翠的最有效的一种实验设备（图6-29）。

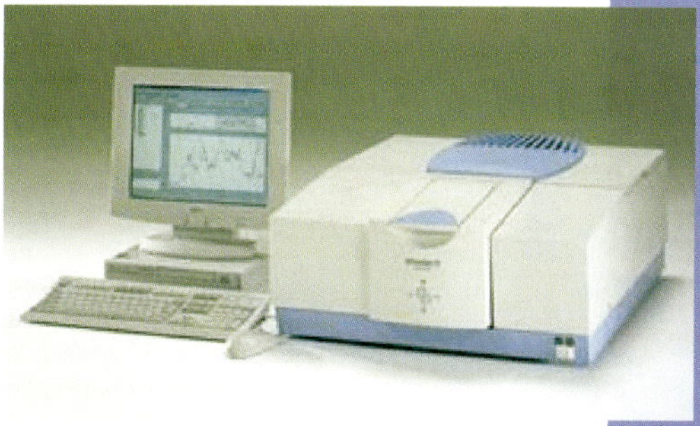

图6-29 红外光谱仪

1.天然翡翠的红外光谱特征

由于B货翡翠中的树脂胶含量仍然相对较少，要采用红外光线直接透射样品的测试方法才有可能测试出翡翠样品中是否含有充填的树脂胶。用这种方法测试出的天然翡翠在400~4 000cm^{-1}波数之间红外吸收光谱，如图6-30(a)所示。其特点是从400~2 200cm^{-1}波数的红外光被样品完全吸收，即没有光线能够穿透样品，在2 200~3 000cm^{-1}波数有一中心位于2 600cm^{-1}波数的宽的透过峰，3 000~3 700cm^{-1}波数又有一个以3 500cm^{-1}波数为中心的宽吸收带，所有的天然翡翠的红外吸收光谱都具有与这些相同的特征。但是要注意，许多种类的硅酸盐材料都会出现类似的透射红外曲线。所以不能依这种曲线来判断样品的种类。

2.B货翡翠的红外光谱特征

如果翡翠中含有外来的有机质，翡翠的红外透射曲线上就会出现与之相应的吸收峰，从而揭示所测试样品是否经过优化处理，以及经过哪种类型的优化处理。图6-30（b）是最为典型和完整的B货翡翠的透射红外光谱，特征是出现了许多天然翡翠所没有的吸收峰，其中2 870cm^{-1}、2 928cm^{-1}和2 964cm^{-1}波数的吸收峰，3 035cm^{-1}和3 058cm^{-1}的吸收峰分别构成两个较大的吸收谷，并且，在2 870cm^{-1}、2 928cm^{-1}和2 964cm^{-1} 3个吸收峰中，2 964cm^{-1}波数的吸收往往比2 928cm^{-1}波数的吸收更为强烈。此外，在2 200~2 600cm^{-1}波数范围，还可见到不太明显的多个吸收峰。这些吸收峰都具有诊断性的意义。

当B货翡翠中的树脂胶较多，或者透射B货的红外光被较强烈地吸收时，B货的红外透射光谱曲线也会发生一定的变化，形成图6-30（c）的形状。这种情况下，由2 430cm^{-1}、2 485cm^{-1}、2 540cm^{-1}和2 590cm^{-1}波

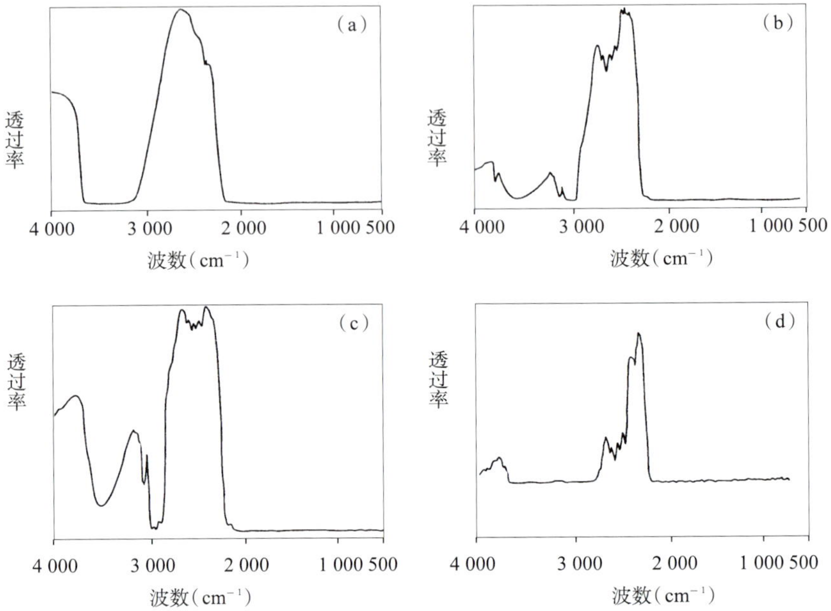

图6-30　不同树脂胶含量的B货翡翠的透射红外光谱特征

(a)天然翡翠；(b)典型的B货翡翠吸收峰有2 870cm^{-1}，2 928cm^{-1}、2 960cm^{-1}峰系和诊断性的3 035cm^{-1}、3 058cm^{-1}的峰系；(c)当胶的含量更多时指状峰变得更为明显；(d)如果B货翡翠对红外光的吸收更为强烈时，除了指状峰外其他的峰系都消失了，同时透过区变窄。

数的4个吸收峰组成的峰系变得更为明显，像手指形状，反映树脂胶中苯中苯环上C-H键的振动吸收。而2 870cm^{-1}、2 928cm^{-1}和2 964cm^{-1}的3个吸收峰一起形成宽底状吸收谷。3 035cm^{-1}和3 058cm^{-1}波数的吸收峰这时还可以看到。但是，如果B货翡翠中的胶更多，对红外光的吸收更强烈时，那么会出现图6-30(d)的红外光谱，指状峰成为最主要的识别标志。

3.翡翠中树脂胶的红外光谱与蜡(油)的区别

翡翠经过炖蜡或油泡之后，会有数量不等的蜡或油充填到翡翠的各种孔隙之中，并且也能在红外光谱上显示出相应的吸收特征，这些特征与B货翡翠中树脂胶的红外光谱比较相似，应该注意区别。图6-31是过蜡翡翠的透射红外光谱，蜡(或油)引发2 850cm^{-1}、2 925cm^{-1}和2 960cm^{-1}波数的3个吸收峰组成的峰系。

如果翡翠孔隙内石蜡的含量增多，就会造成更为明显的烃基峰系（参见图6-31）。

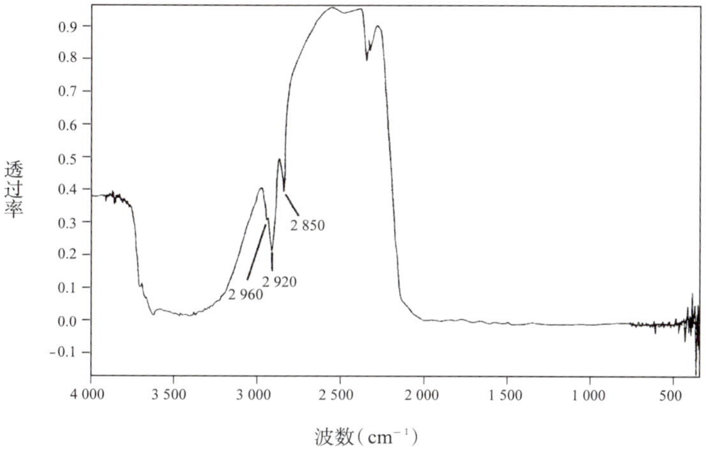

图6-31　翡翠中川蜡的透射红外光谱特征

与B货翡翠的红外光谱比较，可看出两者之间的主区别是：

（1）蜡或油没有3 035cm^{-1}和3 058cm^{-1}波数的吸收峰，也没有2 400~2 700cm^{-1}波数之间的指状吸收峰。

（2）蜡或油的2 850cm^{-1}，2 925cm^{-1}和2 960cm^{-1}波数的3个吸收峰组成峰谷的形成与树脂胶略有不同，蜡或油的2 925cm^{-1}峰的吸收最强，成主峰状，而树脂胶的2 925cm^{-1}与2 960cm^{-1}的吸收强度相当，成双峰状。

据此可以准确地区别树脂胶和蜡（油），避免判断的错误。

五、B货翡翠鉴定的其他研究

除了以上最常用、最重的鉴定方法之外，还有不少有关B货翡翠鉴定方法和特征的研究，可作为参考。

1.透明度与结构不相配

翡翠的透明度受两个因素的影响，一个因素是组成翡翠的矿物晶粒的透明度，如果这些矿物晶粒不透明，则翡翠也不透明；另一个因素是矿物晶粒之间是否透明，如果晶粒之间结合密切，对光线的漫反射和阻挡就小，透明度好。所以，透明度好的翡翠，颗粒之间的界线也不明显。研究表明，粒度细的翡翠由于颗粒之间接触紧密，透明度较好；粒度大的翡翠，颗粒之间的接触通常较为疏松，透明度较差。但是，酸洗充填处理会破坏这种关系，使得结构粗松翡翠出现透明度也好的反常现象，这种现象可作为识别B货翡翠的一个特征，但要慎重对待，只能作为一种提示，不作为决定性的标志。

2.B货翡翠种质不协调的特征

B货翡翠还有行家所说的颜色和质地之间存在非天然的搭配，即是天然翡翠没有或者很少见的，或者至少说是行家个人尚未见到过的类型，通常有“色形不正”，“色浮无根”和“种质不符”等经验之谈。其中色形不正的含义是B货翡翠的颜色过于鲜艳，底色过于干净。色浮无根的含义是略仔细观察（放大镜下）绿色与底色的界限含糊不清，并且颜色有漂在表面上的感觉。种质不符的含义即颜色与结构、透明度之间的搭配不符合翡翠的规律性，例如粗粒但水头很好、颗粒界限又模糊不清、内部又干净，就不是天然翡翠的常见特征。

3.B货翡翠的化学成分特征

对经过处理翡翠中的矿物晶体化学成分电子探针分析研究发现，矿物晶体的化学成分基本上没有变化，但FeO的成分与未经处理的翡翠比较，似乎有所降低，这可能与吸附在矿物晶体表层极细微裂隙中的铁被溶蚀有关，但不具典型意义。处理后翡翠中发现有化学元素Cl，而天然翡翠的成分中不含Cl（表6-1）[6]。Cl是酸洗过程中的盐酸（HCl）残留在翡翠中造成的，很可能是化学吸附在硬玉颗粒的表层或微裂隙之中，但是也可能会因强烈的碱洗而被中和。并且，现在也有很多不采用盐酸清洗的工艺，因而在有些B货翡翠中没有Cl的成分。

表6-1　B货翡翠的化学成分（%）

样品	颜色	SiO_2	Al_2O_3	NaO	CaO	MgO	FeO	Cr_2O_3	MnO	TiO_2	Cl
J-13*	绿色	57.79	22.17	11.64	3.42	3.37	0.94	0.14	0.00	0.00	0.54
JBY_1*	绿色	55.61	24.78	14.97	1.14	3.21	0.00	0.00	0.00	0.00	0.21
JBY_2*	绿色	55.41	24.69	14.92	1.13	3.19	0.00	0.00	0.00	0.00	0.21

*据刘晓文[6]（1998）

4.B货翡翠的近红外光吸收光谱研究

红外光是波长在800nm至100 000nm（或者频数在12 500cm^{-1}波数到10cm^{-1}波数）之间的电磁波，近红外光是指波长800~2 500nm（或者频数12 500~4 000cm^{-1}波数）之间的红外光。物质对近红外光的吸收特征与中红外光有所区别，通常是中红外基频吸收峰的倍频峰，或者合频峰。图6-32显示出天然翡翠和B货翡翠的近红外光光谱特征，其中B货翡翠出现7 351cm^{-1}、7 175cm^{-1}和7 017cm^{-1}波数；5 982cm^{-1}、5 882cm^{-1}和5 700cm^{-1}波数；4 798cm^{-1}、4 680cm^{-1}和4 622cm^{-1}波数的3组特征峰，这3组吸收峰都与B货翡翠中树脂胶对近红外的吸收有关。尤其是未经处理的A货翡翠显示很强的5 228cm^{-1}波数的近红外吸收，而B货翡翠的这一吸收则很弱，据此也可以准确地区别天然翡翠和B货翡翠[7, 8]。同时，近红外光谱发展出光纤传导的技术，进一步方便了测试过程，成为有些宝石鉴定实验室的常用方法。

5.B货翡翠电子扫描显微镜的研究

郑泰山等（1995）[9, 10]发现，可以用电子扫描显微镜来观察B货翡翠的结构，并且可以找到诊断性的特征。电子显微镜下天然翡翠呈致密交织状的微晶结构，天然翡翠晶粒的边界与背景不可分辨，但B货翡翠的电子扫描图像呈现出晶粒的边界并沿边界有白色的放电线。放电是由于高聚合化合物的存在造成的。据此可以区分天然翡翠与B货翡翠。

6.B货翡翠的拉曼光谱研究

拉曼光谱是可用于研究物质分子结构和检测物相的现代谱学方法

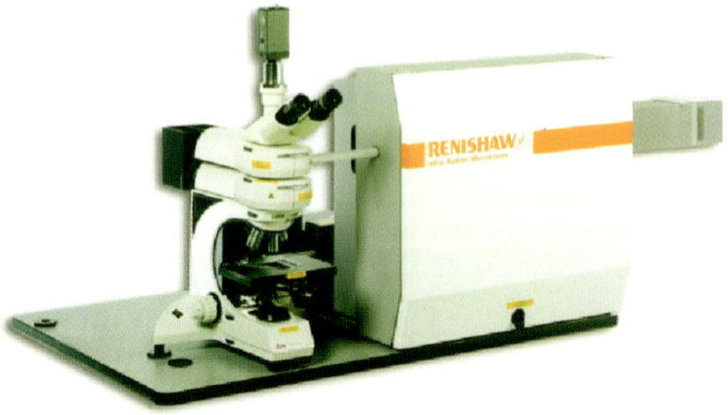

图6-32 拉曼光谱仪

和技术，可以用来鉴定翡翠(图6-32)。

但是拉曼光谱只能探测样品有限区域的表层，所得出的光谱特征预测是区域内是否存在树脂胶密切相关，当树脂胶的含量较低时，不易识别由树脂胶产生的谱线(图6-33)，同时还会存在B货翡翠样的测试点范围内不含树脂胶的情况。另一个问题是许多翡翠样品在激发光

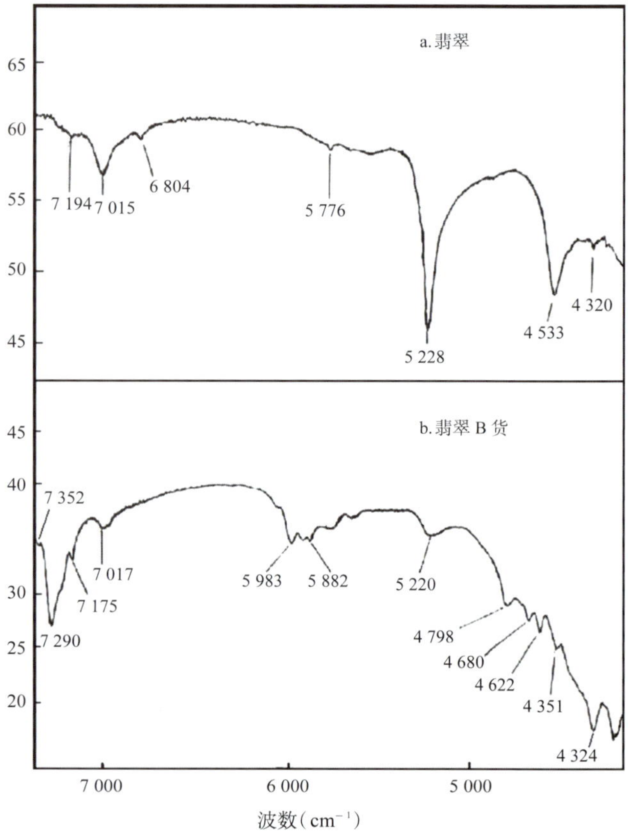

图6-33 翡翠及B货翡翠的近红外光谱

源下会产生较强的荧光，严重影响测试结果。红外光谱则不存在这些问题，所以，B货翡翠的鉴定，最可靠的方法还是红外光谱。与红外光谱比较，拉曼光谱的优点是：不受样品是否透明，是否过厚，是否镶嵌的影响。

天然翡翠主要出现硬玉的拉曼光谱，其特征是在200~1 200cm^{-1}波数的区间有1 032cm^{-1}、988cm^{-1}、692cm^{-1}和378cm^{-1}波数的4个明显的拉曼谱峰，其中1 032cm^{-1}和988cm^{-1}波数属于硅氧四面体中Si–O–Si对称振动峰，692cm^{-1}和369cm^{-1}波数属于Si–O–Si不对称弯曲振动峰（图6-34）。

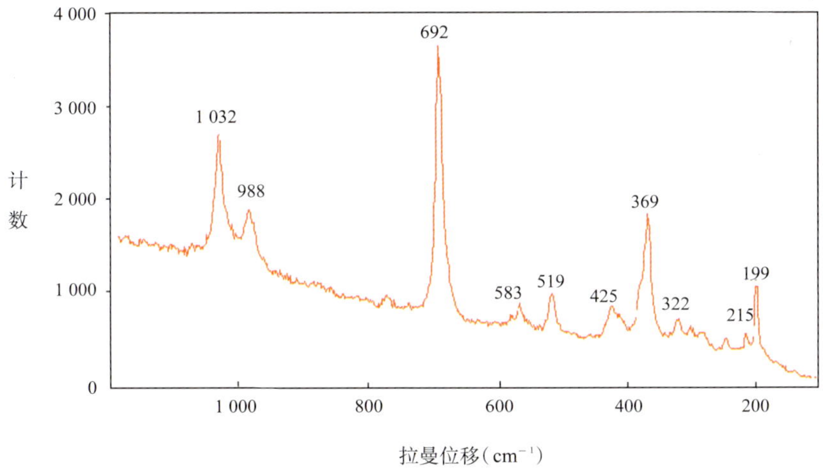

图6-34 天然翡翠拉曼光谱图

B货翡翠除了可出现硬玉的特征谱峰以外，还会出现1 112cm^{-1}、1 609cm^{-1}和3 069cm^{-1}波数的拉曼谱峰，其中1 112cm^{-1}波数属于C—O—C基团的拉曼谱，1 609cm^{-1}波数属于苯环基团的拉曼谱，3 079cm^{-1}波数则为=C—H基团的拉曼谱（图6-35）。

拉曼光谱也存在区别蜡和树脂胶的问题。由于B货翡翠也都经过上蜡工序，所以B货翡翠的拉曼光谱中还可能出现川蜡与树脂胶谱峰叠加的情况，也要注意识别。图6-36、图6-37分别是树脂胶和川蜡的拉曼光谱，对比两个光谱图可以看出，树脂胶和川蜡的区别主要在于：树脂胶有1 112cm^{-1}、1 608cm^{-1}和3 066cm^{-1}波数的拉曼峰，而川蜡的拉曼光谱没有这些峰，但是川蜡具有很强的由—C—H产生的2 861cm^{-1}和2 846cm^{-1}波数的拉曼峰，而树脂胶没有。

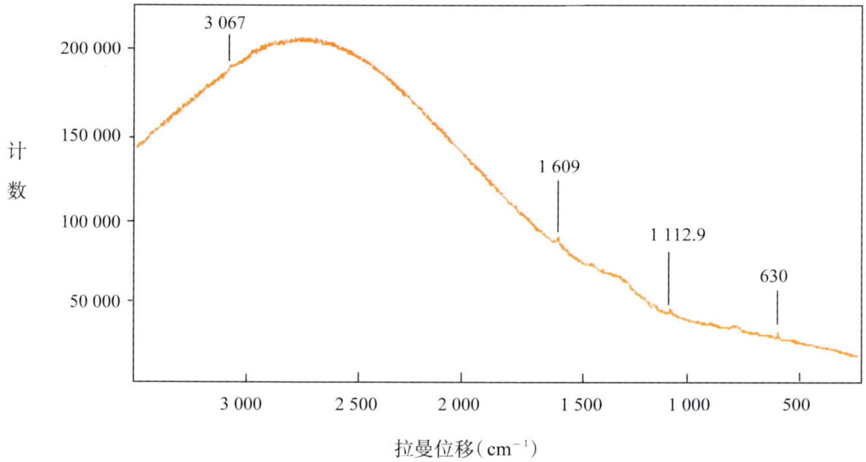

图6-35 B货翡翠充胶裂隙的拉曼光谱图

易受到树脂胶含量低和荧光强烈的严重干扰，在荧光的干扰下，树脂胶和硬玉的拉曼峰都不明显

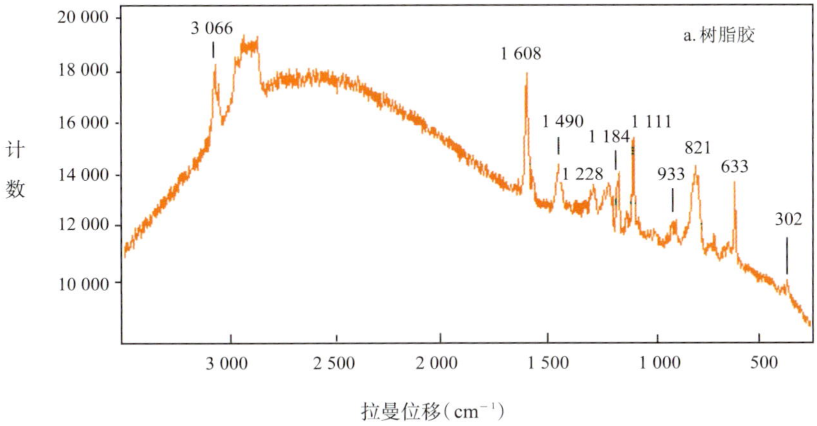

图6-36 树脂胶的拉曼光谱

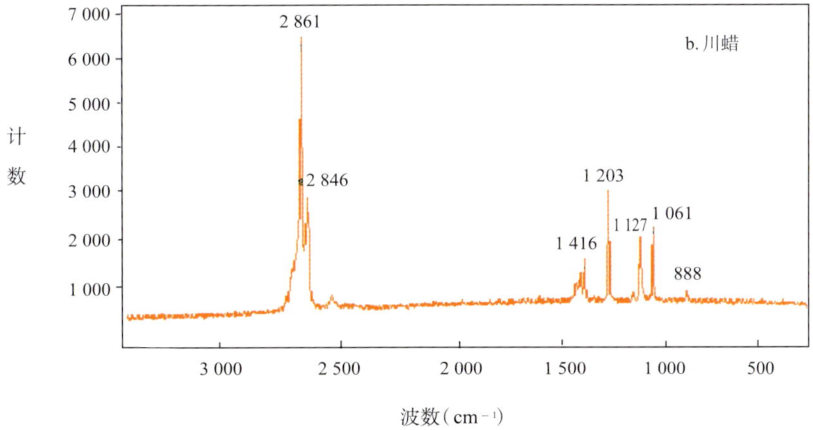

图6-37 川蜡的拉曼光谱

7.B货翡翠的LIBS化学成分测试

翡翠经过酸洗充胶之后，处理的翡翠含有一定数量的有机质，C是有机质的主要化学元素，利用激光诱发离解光谱的方法对翡翠的化学成分测试，B货翡翠明显地测试出含有C元素，而未经处理的天然翡翠则测试不出C元素（图6-38）。

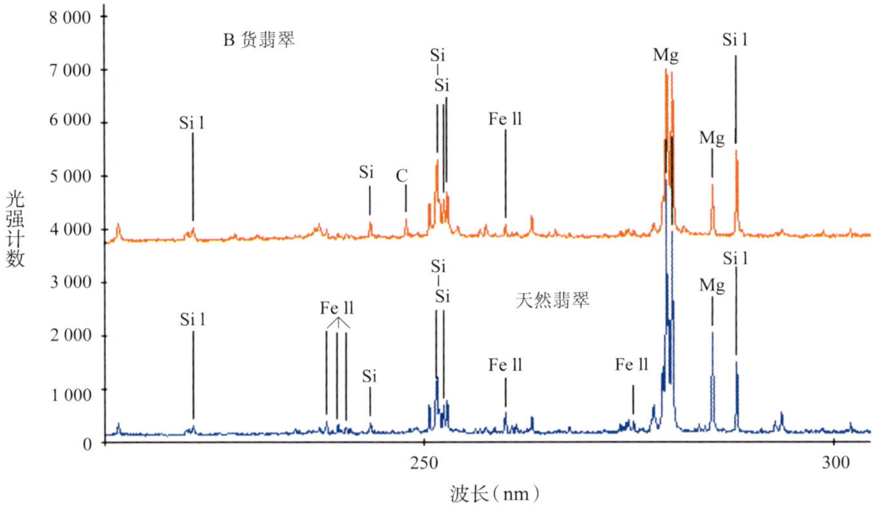

图6-38 B货翡翠的LIBS图谱

六、小结

B货翡翠的鉴定仍然是比较困难的一项鉴定工作，原因在于B货翡翠的鉴定特征的明显程度与处理的方法及强度有关，又和随后的切磨抛光的工艺有关，使得B货翡翠的外观特征变化很大。一般地说，经过酸洗充胶处理的翡翠的特征明显，易于识别，并且是市场上主要的类型。但是，有一部分颜色较好，质地也不错的翡翠，仅是酸洗去脏，处理较为轻微，充填的树脂胶比较少，当抛光很好时，常规方法不易识别，需要借助于红外光谱鉴定。但是，只要掌握B货翡翠的主要特征，如酸蚀网纹、充胶裂隙、底色干净和充胶凹坑等，就可以识别绝大部分的B货翡翠。

根据工作经验和市场调查，目前还没有出现人们所担心的，用非有机材料作处理翡翠的充填胶结物。由于有机材料均可用红外光谱加以识别，所以，红外光谱仍是目前鉴定B货翡翠最可靠和方便的手段[11,12]。

第二节　翡翠上蜡和浸蜡的区别

上蜡是把翡翠成品浸泡在熔化的石蜡之中，保持一段时间，使石蜡沿翡翠表面上的各种空隙浸入。如果翡翠的质地较为紧密，蜡的浸入仅在表层，翡翠经过上蜡，可使表面的小凹坑、小孔隙填平，增强表面的光泽和透明度。

但是，如果翡翠的质地比较疏松，或者是经过各种酸洗，包括传统的过杨梅汤，都会使翡翠的孔隙增多，而导致较多的石蜡充填到翡翠的内部。浸入较多蜡的翡翠，会因时间的推移，蜡老化产生白花，致使翡翠的透明度变差。有些翡翠因为蜡的质量不好，仅半年时间就会产生这种变化。所以，这种蜡的充填工艺与上蜡工艺不同，可称为浸蜡处理（图6-39）。

浸蜡处理与酸洗充胶处理不同，浸蜡处理的翡翠没有经过强烈的酸洗，结构的破坏不强烈，没有对翡翠的耐久性产生明显的影响，另一种情况是，天然翡翠的结构本身就相当疏松，例如粗颗结构的翡翠。但只要含蜡太多，都可能会因蜡的老化导致翡翠透明度劣化，都可当作浸蜡翡翠看待[13,14]。

图6-39 浸蜡翡翠

浸蜡翡翠与上蜡翡翠有下面的特征可以区别：

1.紫外荧光

浸蜡翡翠的紫外荧光强于上蜡

翡翠，一般为中等强度的蓝白色荧光，甚至可以有较强的蓝白色荧光。

2.红外吸收光谱

红外吸收光谱可以更好地区别浸蜡与上蜡两种翡翠。浸蜡翡翠的2 925cm^{-1}波数吸收峰很强，接近零透过率，即接近底线[图6-40(d)]，而上蜡翡翠的2 925cm^{-1}波数的吸收则较弱，离底线较远[图6-40(b)、图6-40(c)][15,16]。

在测试样品的红外光谱时，要注意样品表面是否有蜡层，尤其是翡翠花件，在凹坑处的蜡是否擦干净。表面的蜡层会影响红外光谱的测试的结果，也会影响紫外荧光的真实性。

3.浸蜡翡翠的修复

发生老化现象的浸蜡翡翠，可以再经燉蜡，使产生结晶的老化蜡重新熔融，即可消除因老化造成的不良影响。

红外光谱还可以定量研究翡翠中蜡的含量。

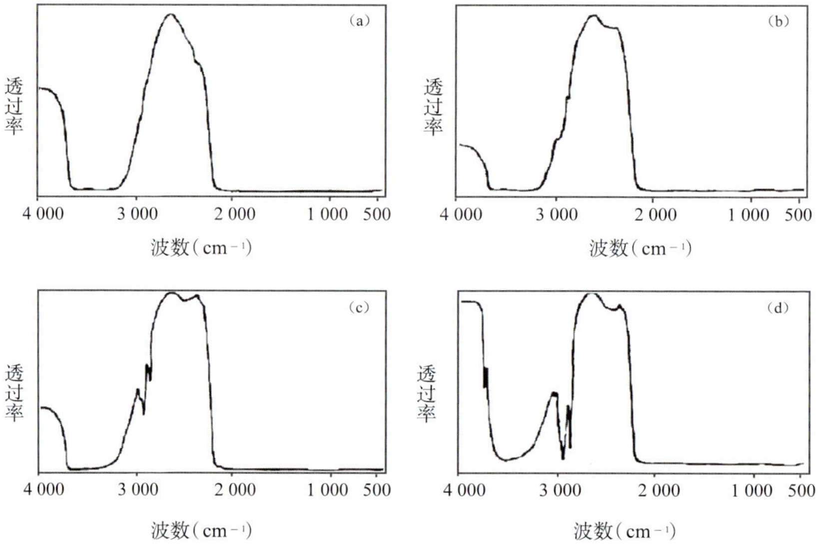

图6-40 川蜡含量不同的翡翠的透射红外光谱的特征

(a).不含蜡的翡翠；(b).含极少蜡的翡翠；(c).含蜡较多的翡翠；(d).浸蜡翡翠

第三节　翡翠的染色处理及其鉴别

翡翠的价值主要取决于颜色，颜色越鲜艳、越浓郁，价值就越高。但大多数的翡翠原料都是白色或浅色的。染色处理就是把这些原来无色或浅色的翡翠，通过人为方法使颜料染入翡翠，以仿冒品质更好的翡翠。染色的翡翠也称为C货(图6-41)。

一、染色处理的步骤

翡翠染色工艺的细节是厂家不轻易透露的秘密，根据零星资料的记载，染色工艺的主要过程如下：

首先是选料。并非所有的翡翠都适于染色处理，结构过于致密的翡翠，由于孔隙度低，不适于染色处理，一般要挑选中粗粒结构、有一定孔隙度的翡翠作为原料，并切磨成成品后，用稀酸洗去油污和表面的杂质，再放在烤箱式炉子中烘干和加热，加热可以达到扩张孔隙的作用。然后把翡翠浸泡到准备好的染料溶液中，加热烧煮以加快染料溶液浸入翡翠的速度。

图6-41　染绿色翡翠手镯

用于染色的染料种类很多，要挑选不易褪色，颜色与天然翡翠相似，又容易浸入翡翠内部的染料。染绿色用绿色染料，染紫色则用紫色染料，从目前收集到的情况看，主要是各种有机质的染料。

翡翠在染料溶液中一般要浸泡一至数周，上了色的翡翠再经烘干，染料就沉淀在翡翠孔隙，使翡翠产生颜色。最后再进行燉蜡保护，使之不易再被水溶解，同时提高玉件的光泽。

最早的翡翠染色的工艺更为简单，先点一盏酒精灯，把要染色的翡翠制品放在火焰上烧烤到一定的温度，用毛笔沾上染料溶液涂在受热的部位，翡翠因骤热骤冷产生小裂纹，染料就沿裂纹浸入。反复地烤热和涂色，直到翡翠染上满意的颜色。所以染色处理又称为“炝色”。

二、染绿色翡翠的特征和鉴别

染绿色翡翠的主要鉴别特征如下：

1.颜色的色调

早期的染绿色翡翠的色调常常偏黄，均匀，且易褪色。褪色后呈黄绿色，与翡翠的颜色差别很大。但是近期的染色翡翠已经有相当的改进，颜色的色调也多样，有偏蓝的绿，纯正的绿，还有偏蓝灰的绿，与天然翡翠更为相似。

2.颜色沿缝隙分布

染绿色翡翠的绿色易浓集在小裂纹之中，并沿着裂纹充填在裂纹附近的晶粒间隙中，整个特征可用树根状来形容，绿色染料的分布犹如从大的树根生出小的树根，再从小的树根生出毛细根一样(图6-42)。而天然绿色翡翠的裂纹和粒间孔隙都是没有颜色的。

图6-42 染绿色翡翠的树根状结构

3.染绿色的色形

染绿色翡翠的颜色分布往往比较均匀，但是，常常会出现斑杂状的绿色，即绿色有深浅的变化，形成不规则的深浅不一的绿色色斑，仔细观察可以发现，这些颜色的变化与翡翠的翠性有联系，是翠性的反光造成的。

4.表面网纹

染绿色翡翠也常见有表面网纹，其形状与B货翡翠的酸蚀网纹一样，没有什么区别。这种现象与选用孔隙度大的翡翠材料有关。

5.滤色镜

早期的染色绿翡翠在查尔斯滤色镜下观察常常会变成橙红色调，但是，近期的染绿翡翠，因采用不同种类的染料，多不变色，故不可因为滤色镜下不变色而认为是天然的绿色。

6.可见光吸收光谱

尽管染色翡翠的颜色与天然的非常相似，但是它们呈色机制完全不同，天然翡翠的绿色是由于硬玉含铬造成的，含铬硬玉对可见光的吸收有特征的吸收线，与绿色染料对可见光吸收特征截然不同。虽然用来染色的染料可非常多样，但至今尚未发现具有与含铬硬玉相同或相似的吸收光谱特征。

在分光镜（最好是棱镜式的）下观察，染绿色翡翠在红光区内有一窄的强吸收带（图6-43），而天然翡翠则是从红光区的末端开始有3条间隔排列的吸收线。尤是绿色的翡翠如果观察不到铬吸收线，不管其他的吸收线是否存在，都可能不是天然的绿色。

7.紫外荧光

大多数的染绿翡翠的紫外荧光与天然翡翠相似，没有明显的荧光，但可有弱的黄白色荧光，这种荧光也可以是蜡引起的。近年来市场上出现没有630~660nm强吸收带的染色翡翠，但是，这些染绿色翡翠在

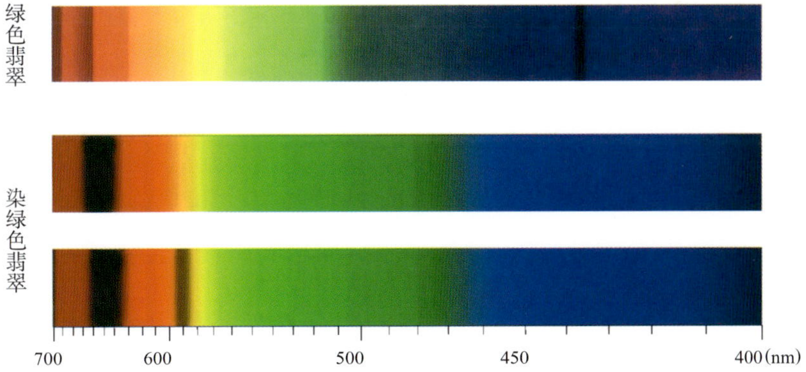

图6-43 染绿色翡翠的吸收光谱

紫外灯下具有很强的紫外荧光，甚至染成褐色部分也有明显的荧光，如果翡翠的有色部分发出反常的强荧光，可视为染色的标志。

8.阴极发光的特征

天然绿色翡翠的阴极发光颜色为黄绿色到绿色，深绿色的翡翠还可能出现暗红色的阴极发光。但是，染绿色翡翠使用的是白色的翡翠为原料，所以染色后的阴极发光乃然是白色翡翠的特征，为蓝色或者绿黄色的阴极发光（图6-44）。

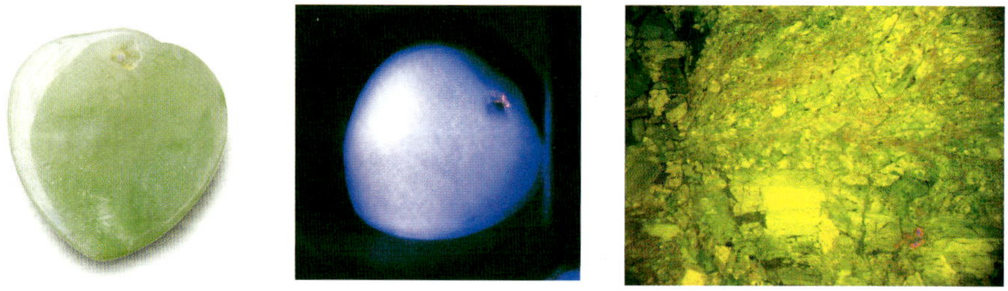

图6-44 染绿色翡翠鸡心阴极发光

左：染绿色翡翠鸡心；中：染绿色鸡心阴极发光呈紫蓝色；
右：浅绿色翡翠阴极发光呈浅绿至绿色

三、染紫色翡翠等的特征和鉴别

传统翡翠通常染成绿色和紫色，而很少染成其他的颜色，但近几年来这种情况有所改变，出现有染黄、染红及提油仿古等杂色的染色翡翠，不过这些杂色通常与染绿色、染紫色相伴出现，目的是模仿天然的"福禄寿"翡翠。对于这种情况，只要确定绿色或紫色的成因，其他杂色的性质也就不辨自明（图6-45）。

图6-45 染紫色翡翠

一般认为染紫色的翡翠比染绿色的翡翠更不好鉴定，诊断性的特征比染绿翡翠少，但只要认真观察仍然可以找到染紫色翡翠的特征性标志。

1.天然紫色翡翠的颜色分布特征

天然的紫色翡翠往往是成片分布，颜色由带浅紫或淡紫色的硬玉颗粒集合而成，紫色中可以有斑点状或者小团块状的颜色深浅变化（图6-46），但是不形成脉状。紫色的颜色浅，深色的少见。

2.染紫翡翠的颜色分布特征

由染色处理形成的紫色充填在翡翠的裂隙和孔隙之中，可形成紫色的细脉，或者充填在白色翡翠颗粒的粒间空隙中（图6-47）。

3.紫外荧光特征

天然的紫色翡翠没有荧光或因含有蜡发弱的蓝白色荧光，而染紫色翡翠多有粉红色的荧光。但由于荧光较弱，当不易分辨时，只可作为指示性的特征。

图6-46 天然紫色翡翠为斑点状色形

图6-47 染紫色翡翠为细丝状色形

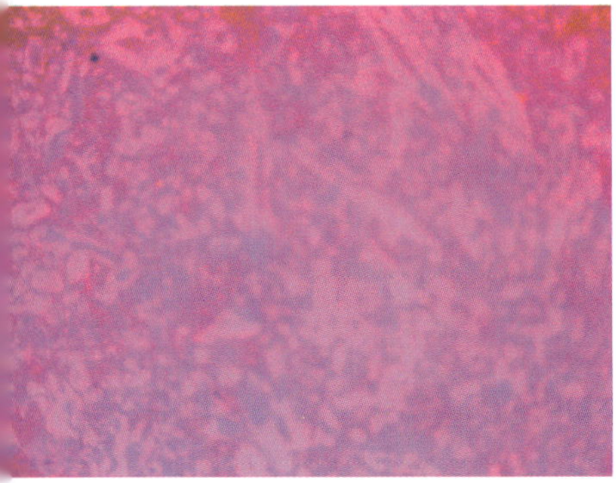

图6-48 天然紫色翡翠呈紫红色的阴极发光

4.阴极发光的特征

天然紫色翡翠的阴极发光颜色为鲜艳的橙红色到紫红色(图6-48),而用白色或者淡绿色翡翠染成紫色的染色翡翠不出现橙红色或者紫红色的阴极发光,而是呈现暗蓝色、暗紫色、黄绿色的阴极发光。但是要注意,对淡紫色翡翠进行染色造成紫上加紫的情况时,样品的阴极发光可与天然紫色翡翠相似,也发出浅紫红色的阴极发光。

染色处理的翡翠不论是在批发市场,或是零售市场都十分常见,而且现在的染色品已不是一眼即可识别,一定要仔细观察,保持对染色处理的警惕性,根据前面所述的各种特征,不难加以识别。

第四节　翡翠的酸洗染色充胶处理及其鉴别

翡翠的酸洗染色充胶处理常简称为B+C处理,大约于20世纪90年代中期开始出现在市场上,所染的颜色种类也较多,最常见为染绿色,随着市场的变化,2003年以来,出现了很多仿油青色、仿黄翡和红翡的B+C染色翡翠(图6-49)[17,18]。

一、处理的方法和特点

B+C的处理方法比单纯的染色处理的效果更好、效率更高,工艺特点是在翡翠经过酸洗碱洗后,洗净干燥,再对已经呈疏松状的翡翠上色,可以用浸泡到染料溶液中的方法,也可用毛笔涂色的办法,并且可以在所需要的地方涂色,也可以在手镯上涂成色带(图6-50),可以涂上多种不同的颜色,可以在浅绿的翡翠上加色使之更为明显。经过染色干燥后的毛胚再进行充

图6-49 各种颜色的B+C翡翠

图6-50 酸洗后用画笔染颜色的毛胚

胶处理（图6-51），不仅起到提高透明度和机械强度的作用，还把颜色封闭在树脂胶中，使得颜料不易褪色，延长了B+C翡翠的使用寿命，所以，B+C翡翠的颜色种类很多，分布的形式也很多，与天然翡翠也更为相似（图6-52），在市场上更为多见。

图6-51 充胶处理后的酸洗染色翡翠

二、B+C染绿色翡翠的鉴别特征

一般情况下，B+C翡翠易于鉴别，绿色的B+C翡翠，除了具有B货翡翠的特征外还具有染绿色翡翠的特征，最典型的鉴定特征有：

1.细丝状的绿色

绿色染料只能依附在组成翡翠的矿物颗粒的表面，绿色染料

图6-52 B+C翡翠手镯

的厚度很薄，在垂直绿色染料薄层的方向上，绿色最为明显，并且呈细线状。有时，绿色染料还会浸入到硬玉颗粒的解理缝中，形成平行的绿色细丝（图6-53、图6-54）。这些特征用透射光能够清楚地加以观察。天然的绿色翡翠细脉是由许多绿色的硬玉颗粒组成的，所以绿色的色脉通常有一定的宽度，能够穿过很多的颗粒，具有一定的长度，如图6-55所示。

图6-53 B+C染绿色翡翠的细丝状结构

图6-54 染绿色翡翠的细丝状结构与绿色翡翠细脉状结构的比较示意图

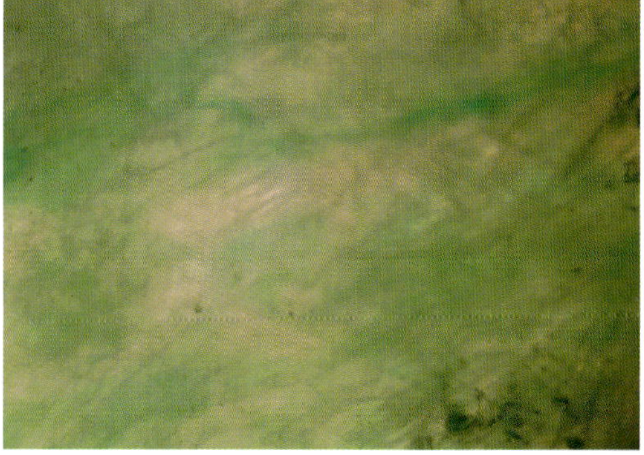

图6-55 绿色翡翠的色根

2.丝瓜瓤结构

翡翠经过酸洗之后，组成矿物的颗粒之间形成较大的空隙，染料浸入后沉淀在这些组成矿物颗粒的表面上，形成的三维网状结构，在侧射的光线下可以清楚看出这一特征。天然绿色翡翠不存在这种颜色造成的结构特征。

3.色带边界模糊

B+C染绿色翡翠常常染成不均匀的形态，以模仿天然绿色翡翠的外观，但是B+C染绿色翡翠的绿色色带（色斑）的边界比较模糊，没有清晰的边缘，与天然绿色翡翠的绿色色带不同，如图6-56、图6-57所示。

图6-56 B+C翡翠的色带边沿模糊

左和中：B+C染绿色翡翠色带边界模糊；右：天然绿色翡翠色带边界清楚

图6-57 染绿色翡翠色带边沿模糊与翡翠绿色细的区别示意图

4.紫外荧光和可见光谱的特征

有一部分B+C染绿色翡翠在长波紫外光下具有较强的荧光（图6-58），特别是绿色部分发出绿色的荧光，这在染色翡翠（C货）中尚未见到，同时，具有绿色荧光的染绿色翡翠也具有特别的可见光吸收光谱：在红光区头部被吸收，因而没有660nm的吸收带出现，看上去与天然绿色翡翠的光谱更为相似，但缺少天然绿色翡翠的阶梯状的光谱，形成红光区被截短的光谱模式，需要认真识别（图6-59）。

图6-58 绿色的紫外荧光

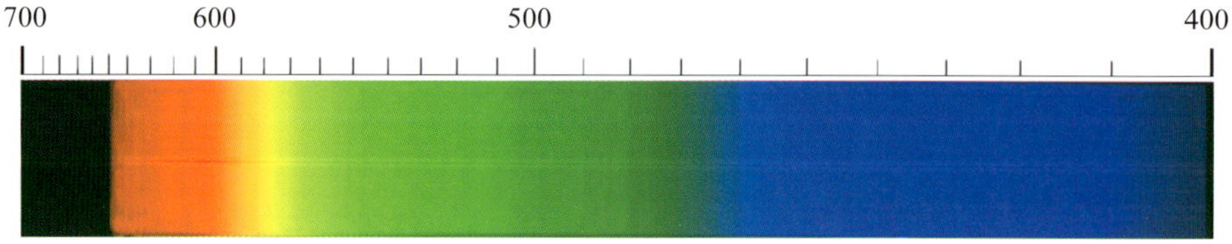

图6-59 具有绿色荧光的染绿色翡翠的可见光吸收光谱

5.其他特征

B+C染绿色翡翠除了以上与染色有关的特征以外，还同时具有B货翡翠的各种特征。

三、B+C染灰绿色翡翠的鉴别特征

染灰绿色翡翠作为油青种以及漂兰花种的仿制品，2003年以来较多地出现在市场上，颜色为灰绿色、灰蓝绿色，与油青种翡翠的颜色较为相似（图

6-60)，如果染成不均匀的颜色则与漂兰花中的颜色及色形较为相似，典型的鉴定特征如下：

1.底色干净

B+C染灰绿色翡翠的底色很白(图6-61)，而翡翠油青种的颜色成因是次生色，底色有明显的黄色调(图6-62)，所以根据底色可以很快区别出B+C染灰绿色的翡翠。

2.色带的边界模糊

模仿漂兰花的这种类型的染色翡翠，深灰绿色色带的边缘极为模糊(图6-61)，与漂兰花由绿辉石团块形成的色斑(图6-62)有着明显的区别。

图6-60 B+C染灰绿色翡翠

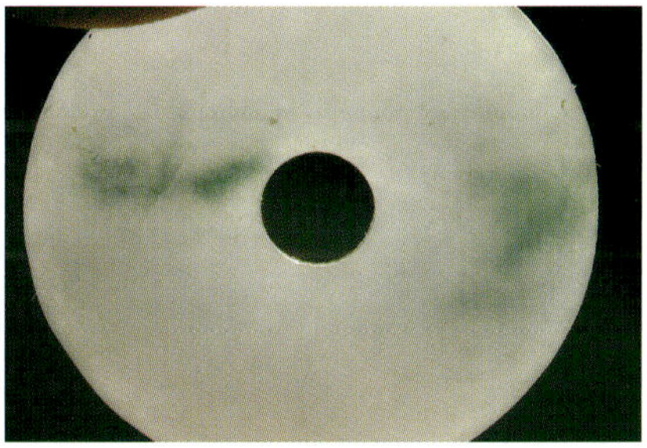

图6-61 B+C染油青色翡翠具有很白底色和模糊的色带边沿

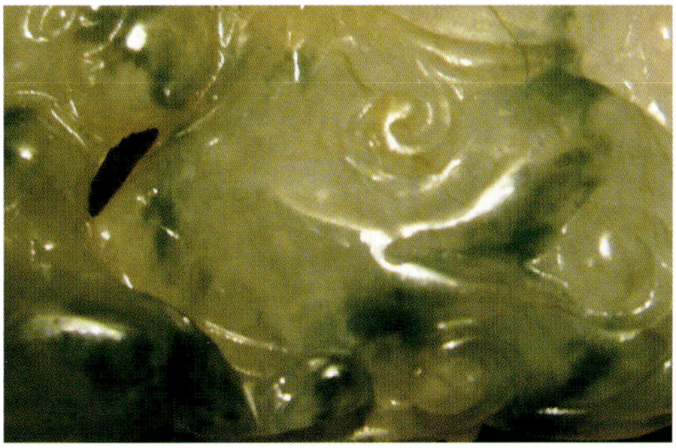

图6-62 天然油青种底色很脏和清楚的色带边界

3.丝瓜瓤结构

B+C染灰绿色翡翠与B+C染绿色翡翠一样具有丝瓜瓤结构，在颜色较深的部分容易看到(图6-63)，天然的油青种常有树根状的色形结构(图6-64)。

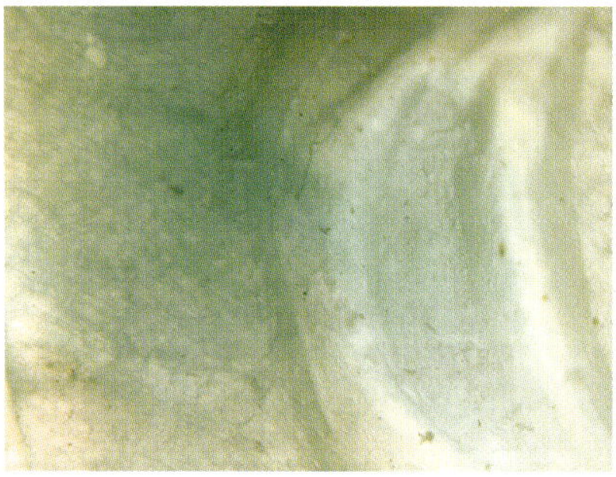

图6-63 B+C翡翠的丝瓜瓤结构

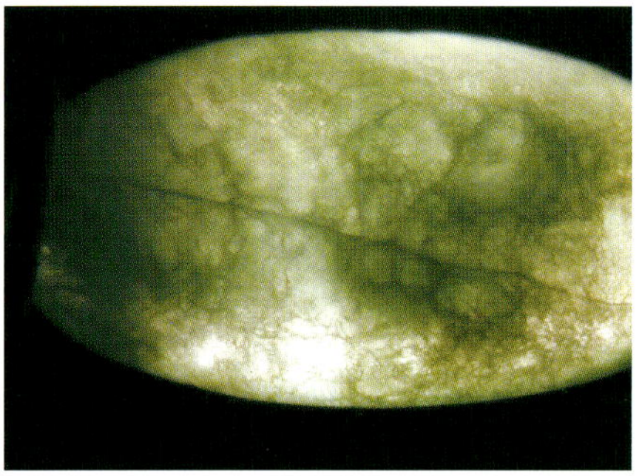

图6-64 油青种的树根状结构

4.其他特征

B+C染灰绿色翡翠除了以上最易于识别的特征以外，还同时具有B货翡翠的各种特征，尤其是具有较强的自外荧光和在滤色镜下变红色的特征。需要注意的是，许多天然的油青种翡翠具有表面网纹、树根状结构，是由于表生作用对翡翠的改造和次生色的原因造成的，不要把这些特征当作酸洗处理和染色处理的特征。

四、B+C染红(黄)色翡翠的鉴别特征

染红(黄)色翡翠2005年以来较多地出现在市场上，颜色可以带褐色调，与天然的红翡更为相似。B+C染红（黄）色翡翠的常规鉴定特征不是很明

图6-65 B+C染色翡翠

图6-66 红翡的树根状色形

图6-67 B+C染红色翡翠的丝瓜瓤结构

显，需要认真识别：

1.颜色比较鲜艳

B+C染红（黄）色翡翠的颜色通常不带灰褐色调，显得比较鲜艳（图6-65），而天然的红翡都带有一定的灰褐色调。

2.树根状结构不清楚

天然的红翡是次生色，形成类似于染色过程，褐红色的氧化铁充填在大小裂隙和颗粒间隙中，形成典型的树根状结构（图6-66）。B+C染褐红色翡翠的红色染料依附在组成矿物的表面，主要在颗粒间隙中，形成丝瓜瓤结构（图6-67），往往没有树根状结构，或者树根状结构不明显。

图6-68 红翡的多层颜色分带结构，外皮的红色—深色牛血雾—浅色的新鲜玉石

3.没有颜色分带

天然红翡实际上是翡翠砾石最外层的风化皮，具有红色风化皮–牛血雾–新鲜玉石的分带特征，牛血雾部分的颜色往往比红色风化皮的颜色更深，形成红色（黄色）–深红色（褐黄色）–白色的颜色分带结构（图6-68）。而B+C染红（黄）色翡翠最多是黄色（褐红色）–白色的分层结构（图6-69），没有天然红翡复杂的颜色分带结构。

图6-69 染色红翡的简单颜色分带

4.透明度较高和酸蚀网纹

天然红翡的透明度通常较低，透明度高的天然红色翡翠结构比较致密，抛光表面上可以不出现表面网纹，而B+C染红色翡翠具有酸蚀网纹。但是，大多数透明度较差的红色翡翠，由于遭受过较为强烈的风化作用，组成矿物颗粒之间的结合力受到削弱，充填了氧化铁等低胶结力的物质，所以通常有很明显的表面网纹。

5.其他的B货特征

B+C染红（黄）色翡翠可以具有如充胶裂隙、充胶凹坑、紫外荧光（图6-70）、胶质的红外吸收等各种与酸洗充胶处理（B货翡翠）有关的鉴别特征。

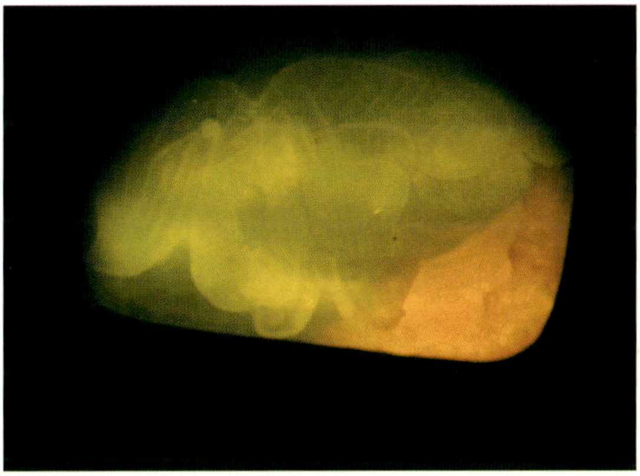

图6-70 B+C染色红翡的强紫外荧光

第五节　与颜色有关的其他优化处理

一、翡翠焗色的优化处理

翡翠的焗色就是对翡翠样品进行加热，使灰黄、褐黄等颜色的翡翠改变成橙红到红色的工艺，是一种加热处理，归属于优化的类型（图6-71）。

图6-71　焗色红翡

1.焗色的步骤

焗色要挑选黄色、褐色等颜色的翡翠作原料，并按大小分成几组，也可以切磨成所需的玉件，然后用稀酸清洗，彻底清除表面的污物和油迹等。

加热是焗色的关键步骤。把清洗好的翡翠样品放在预先准备好并铺有干净细砂的铁板上，再将铁板置于火炉上，也可以用高温的烤箱，缓慢加热，以保证样品均匀加热，加热的温度不可太高，一般200℃左右为宜，一边加热一边观察翡翠颜色的变化，当样品的颜色变成猪肝色时，就停止加热，并缓缓冷却，冷却后翡翠即会显示出红色。加热的时间一般是几十分钟到1小时。

为了获得鲜艳的红色，最后还可把已加热变红的翡翠浸泡在漂白水中数小时，使之氧化更为充分。

2.焗色的原理

黄色、褐色翡翠的颜色是由于充填在间隙中的次生的含水氧化物褐铁矿（$Fe_2O_3 \cdot nH_2O$）造成的，通过加热可使含水的褐铁矿脱水，形成红色的赤铁矿（Fe_2O_3）。天然的红色翡翠也是由赤铁矿造成的，与焗色形成的过程一样，只不过在自然条件下，褐铁矿的脱水过程非常缓慢。由于焗色过程中没有人为地添加染色剂，焗色形成的红色翡翠与天然红色翡翠的呈色机制一样，所以焗色被看成是一种可以接受的加工过程，属于优化方法。

3.焗色翡翠与天然红色翡翠的鉴别

天然与焗色红色翡翠的差异较小，鉴别比较困难。主要的鉴别特征有：

（1）焗色红翠的颜色较红，黄色调、褐色调较天然红翡弱，同时颜色比较单一，与无色的新鲜玉肉呈渐变的过渡，而天然红色翡翠常为突变边界。

（2）焗色红翡的透明度较差，多为不透明或者差的微透明，而天然红色翡翠的透明度通常较好，常为半透明或者更好。

（3）焗色红翡惧有较多的细小裂隙，这些裂隙造成了焗色红翡透明度差的外观。

（4）天然红色翡翠的致色剂为针铁矿，焗色烧红的红翡的致色剂为赤铁矿，针铁矿与赤铁矿的可见吸收光谱的一阶导数光谱具有较为明显的差异，可兹以鉴别。

借助以上的特征，不难区别天然红色翡翠与焗色红翡。

除非透明度相差大，否则天然和焗色红翡的价格差不多，为中低档翡翠。但是，颜色红、透明度好的天然红色翡翠越来越稀缺，也能卖出好价钱。

二、翡翠的涂膜处理及其识别

涂膜处理的翡翠又称“穿衣”翡翠，是在天然无色或浅色但透明度和质地较好的翡翠戒面的表面上涂上一层绿膜，来模仿天然的高档翡翠（图6-72）。涂膜翡翠专门出现在翡翠的批发市场上，哄骗进货人，一旦被识破，就不卖了，准备再骗下一个。由于这种货是冒充较高档翡翠，如果上当就会遭受较大的经济损失。

镀膜处理的翡翠比较少见。镀膜与涂膜的区别是处理工艺不同，镀膜工艺复杂，通常用真空离子喷镀工艺，如市场上常见有镀膜水晶和镀膜玻璃，但是用在翡翠上的效果不大，只有零星的报道（张位及等，2000）[19]。

图6-72 涂膜处理的翡翠戒面

1.涂膜的工艺方法

涂膜的工艺方法少见报道，但可以推测涂膜的基本方法是：采用绿色胶状高挥发性的高分子材料，如指甲油状的物质，用毛笔把这种黏稠的胶状物均匀地涂抹在切磨好并清除了油污的戒面上，绿色胶挥发凝固形成被膜。

2.涂膜翡翠的鉴别特征

（1）颜色分布特征

涂膜处理品的特点是绿色分布均匀并且满色，正面和背面的颜色都一样，同时没有天然翡翠呈斑状、条带状、细脉状、丝片状的颜色分布特点。

（2）膜层脱落

涂膜处理的膜层是一种高分子聚合物，硬度低黏结不牢，易于脱落，只要用硬物（如小刀）甚至指甲都可以划开膜层。包在同一纸包内的涂膜翡翠也会因相互摩擦而使膜层脱落。有时膜层与翡翠之间存在空隙，局部形成晕彩。

（3）粘手

另一个简便的办法是用手摩擦时可发觉有涂膜处理的翡翠不如天然翡翠光滑，有粘手的感觉。

（4）毛细纹

由于膜层的硬度很低，亦于被硬物划伤，在放大镜下，可以看到表面有毛丝状的小划痕，是天然翡翠所没有的。同时，天然翡翠表面橘皮效应现象也会变得不明显或者看不见，表面的粒状结构特征（粒间界线）也看不见。

（5）可见光谱

绿色的有机膜具有与绿色翡翠不同的可见光吸收光谱，出现与天然绿色翡翠不同的光谱特征：红光区中的较宽的从头开始吸收窄带，造成截短

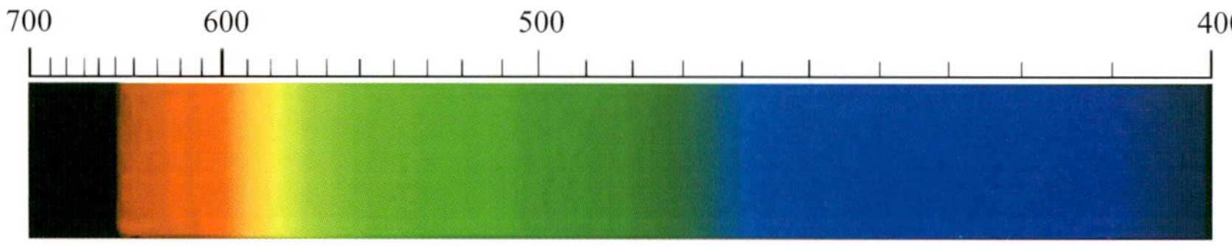

图6-73 涂膜染色翡翠的可见光吸收光谱

的红光区，但看不到染绿色翡翠常有的660nm的吸收窄带的形式（图6-73），需要再加以注意，不要误认为天然的光谱，天然绿色翡翠的光谱是3条阶梯状的吸收边（线）。

（6）折射率

涂膜翡翠的膜层的折射率仅1.55左右，比天然翡翠低很多。

（7）红外光谱

涂膜翡翠具有与B货翡翠一样的红外光谱（透射法）特征，即具有2 850cm^{-1}、2 920cm^{-1}、2 960cm^{-1}、3 030cm^{-1}等波数的吸收峰（参见图6-30）。

三、染色涂胶处理翡翠及鉴定特征

1.处理的工艺方法

染色涂胶处理翡翠大约在2004年前后出现在市场上。这种处理的翡翠数量较少，多为手镯、马鞍戒等饰品（图6-74）。这些处理翡翠多为粗粒、半透明的结构，带有局部的浅绿色，没有B货翡翠特有的酸蚀网纹，并且表面特征多变，如果不加注意，往往识别不出。

这种处理的工艺尚未公开，但是根据处理品的各种特征，可以得出其处理工艺的主要特征为：对翡翠进行局部的酸洗和染色，然后充填特殊的树脂胶，并在后期的加工中，有意在经过处理的翡翠表面上保留一部分树脂胶。这种树脂胶的特点是具有较强的紫外荧光，但是，其红外吸收峰类似一般的石蜡，如果不注意，很

图6-74 染色涂胶处理翡翠手镯

可能被认定为天然的上蜡翡翠。

2.鉴定特征

染色涂胶处理翡翠主要的鉴定特征有：

(1)涂覆的表面结构

处理翡翠的部分表面覆盖有树脂胶层，与涂胶处理翡翠一样，可以出现被覆效应的现象、牛毛纹(图6-75)、缺失翡翠的表面结构等特征。

(2)气泡

在胶层比较厚的位置，通常就是绿色分布的区域，胶层中可以观察到大量的球形气泡(图6-76)。

(3)绿色的色形

染色涂胶处理翡翠的绿色通常为浅色且均匀的团块状，缺少色根状结构，边缘模糊，具有B+C染色的特征。

(4)紫外荧光

样品的紫外荧光不均匀，涂有胶层的部分具有中等强度的蓝白色荧光，绿色部分有明显绿色荧光，没有涂胶的部分则没有荧光(图6-77)。

图6-75 复胶造成的牛毛纹

(5)染绿色翡翠的吸收光谱

图6-76 胶层中的气泡

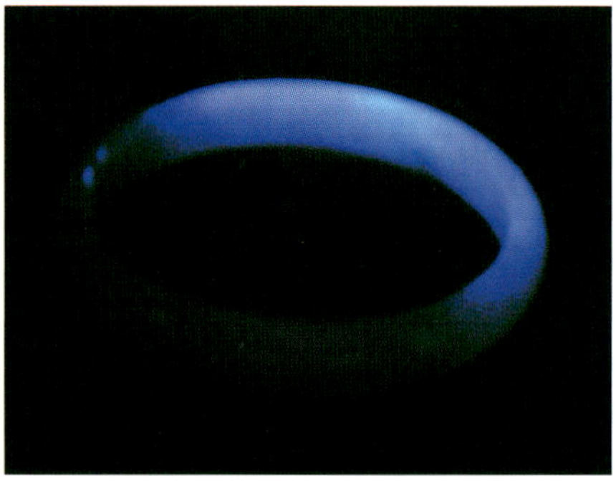

图6-77 胶层的紫外荧光

用分光镜看不到红区的Cr吸收谱线，也看不到染绿色翡翠常有的660nm的吸收窄带，而是红光区被截短的光谱模式。

（6）折射率

染色涂胶处理翡翠常可测到不同的折射率：1.66和1.52。在没有胶层覆盖的部分测到1.66的翡翠折射率，在覆盖胶层的位置测到1.52的胶层折射率。

（7）红外光谱

染色涂胶处理翡翠的红外光谱也是多变的，没有涂胶部位的红外光谱为天然翡翠的特点，胶层比较薄的部位的红外光谱类似于含蜡较多的翡翠的特征，但有所区别；胶层较厚部位的红外光谱具有B货翡翠的特点（图6-78）。所以在测试红外光谱时，一定要在细致宝石学观察的基础上进行。

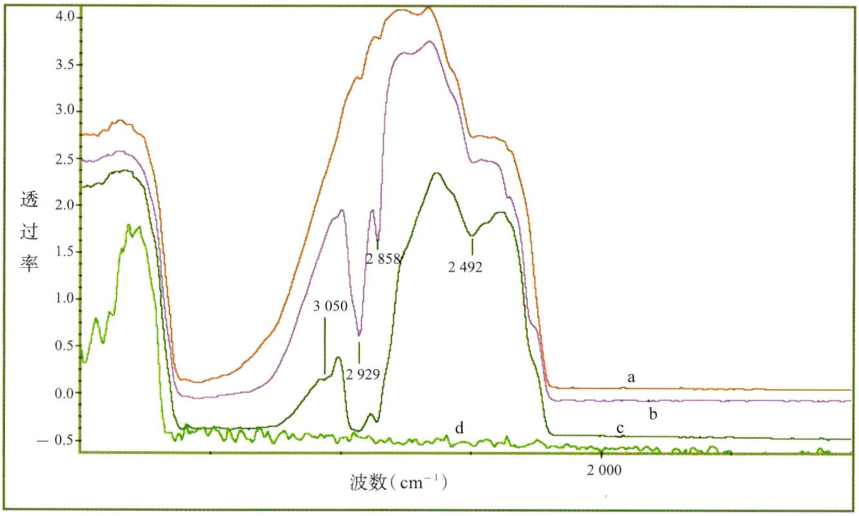

图6-78　染色涂胶处理翡翠的红外光谱

a.没有涂胶部位的红外光谱具有类似天然翡翠的特点；b.胶层比较薄的部位的红外光谱类似于含蜡较多的翡翠的特征，但有所区别；c.胶层较厚部位的红外光谱具有B货翡翠的特点；d. 胶层极厚的位置的红外光几乎都被吸收

第六节　翡翠的其他处理类型

一、拼合翡翠

拼合翡翠戒面是拼合宝石的延伸，在翡翠市场上很少看到，但以拼合的方式作假的翡翠原石倒是很多，这一内容将在第七章介绍。由于拼合的翡翠成品很少，国内的各种有关翡翠的文献资料中少有报道，在R. Werbster（1962）在《Gems》一书中比较详细地记载了一种翡翠三层拼合石：顶层是弧面形的白翡翠、底部被挖空形成内凹的弧面，内凹的弧面上涂上绿色的胶，黏上一块与之配合的弧面型白翡翠作内材核，然后再用一块翡翠封底（图6-79）。R.Werbster认为，这种三层石比染绿色的翡翠更难识别，尤其是当用包镶的方法把腰上的黏合线遮挡住以后，更不易识别。这种拼合翡翠具有与染色翡翠相似的可见光吸收光谱特征，可作为鉴别的依据。

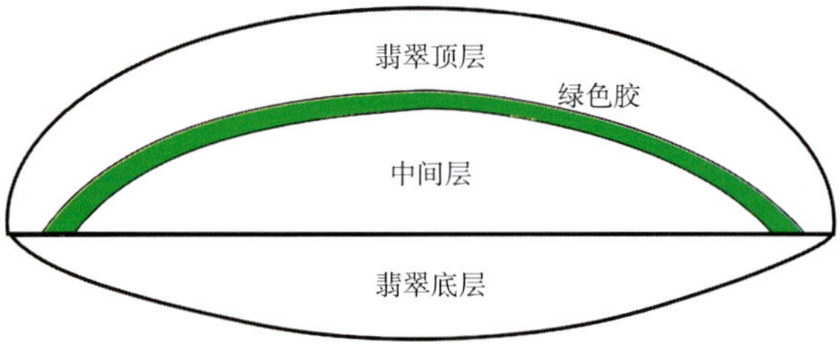

图6-79　拼合翡翠三层石的结构示意图

2002年左右在香港和台湾市场上出现一种称为薄皮翡翠的新型拼合翡翠，是用绿色但透明度不好的翡翠为原料，做成几乎只有鸡蛋壳厚度的内空戒面，其中用树脂胶充填（图6-80）。这种拼合翡翠采用了封底式的镶嵌，光线穿透薄壳翡翠后又反射出来，可以在翡翠戒面的表面形成光带。根据特征可以来识别之。

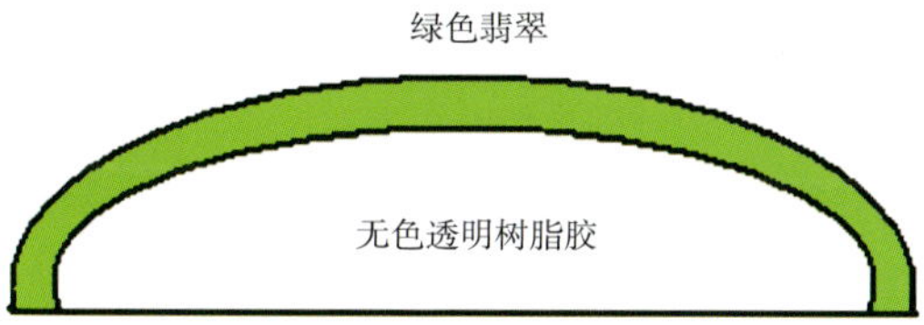

图6-80 新型拼合翡翠的结构示意图

这种新型的拼合翡翠的耐用性不佳，经过一段时间，由于翡翠与树脂的热系数差异很大，导致薄层状的翡翠产生龟裂纹（图6-81）。

图6-81 龟裂纹

二、玻璃胶结翡翠

玻璃胶结翡翠是最近出现的新品种，于2002年最先出现在广州玉器街翡翠市场上，根据样品的特征推断，这种仿制品是用玻璃胶结绿色但不透明的翡翠颗粒制作而成。其外观与“铁龙生”及“磨西西”非常相像，通常做成佛像、观音、镂空的挂件以及串珠、项链等制品（图6-82）。玻璃胶结翡翠的识别比较容易，主要的鉴别特征有[20,21]：

1.外观特征

玻璃胶结翡翠的外观特征有：

（1）呈均匀的绿色、翠绿色和深绿色，没有色根；

（2）微透明度，仅在样品边缘和较薄的部位透光；

（3）具明显的粒状结构，颗粒明显，颗粒为深浅不一的绿色和无色；

（4）表面抛光通常较好，呈玻璃光泽，常可见到近于圆形的小凹坑，但是没有翡翠常见的橘皮纹；

（5）玻璃胶结翡翠的断口为参差状，并在参差状断口中夹杂有贝壳状断口。

图6-82 玻璃胶结翡翠挂件

2.物理性质

玻璃胶结翡翠的折射率1.66~1.68（点测），高于翡翠；相对密度为3.00（静水称重法），远小于翡翠；

3.结构特征

放大观察，样品的碎屑结构特征明显，由大小不等的碎屑和胶结物组成，碎屑的粒度较小，以中细粒为主。样品的胶结结构明显，在反射光下，可以清楚地观察到光泽较高的硬玉碎屑和光泽较低的胶结物组成的胶结结构（图6-83）。更高的放大倍数下，可见胶结物中有细小的气泡。

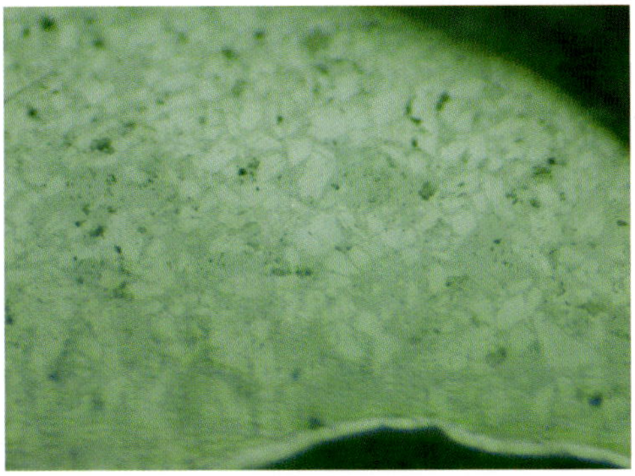

图6-83 玻璃胶结翡翠的碎屑结构

4.化学成分

样品的电子探针成分分析表明，玻璃胶结翡翠的化学成分接近于翡翠铁龙生种的成分，不同的是成分中出现了PbO和ZnO。PbO的含量最高可达7%左右。

三、涂胶处理翡翠及鉴定特征

2005年以来，市场上出现了涂胶处理，在绿色的翡翠表面涂抹一层无色的树脂胶，胶层具有一定的硬度和机械强度，在镶嵌等工艺中可以不被损坏，但是，这些翡翠不耐用，由于胶层的硬度较低，经过一段时间的佩戴，表面的光泽会被磨蚀。

涂胶处理的翡翠大多数是切割得很薄的玉件，绿色往往很好，最近也出现涂胶处理的戒面。从商业逻辑上判断，绿色好的翡翠不会进行各种处理，因为任何的处理只会对翡翠的商业价值造成损害。所以，这些涂胶翡翠极可能是B货翡翠，再加涂胶处理，以改善表面的光泽和结构。

涂胶处理的翡翠的鉴别特征也很明显，主要有：

1.涂覆的表面结构

处理翡翠的部分表面覆盖有树脂胶层，与涂胶处理翡翠一样，可以出现被覆效应（图6-84）和缺失翡翠的表面结构特征的现象、胶层局部离造成的晕彩（图6-85）、缺失涂胶的表面（图6-86）等特征。

图6-84 被覆效应

图6-85 胶层脱离形成的晕彩

图6-86 缺失涂胶的表面

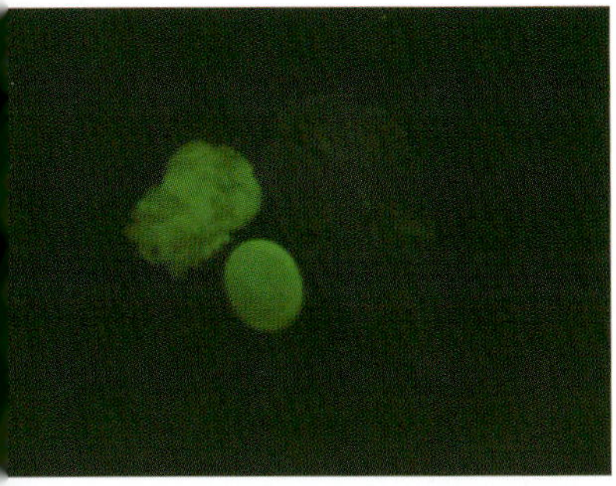

图6-87 涂胶处理翡翠的紫外荧光

2.紫外荧光

样品的紫外荧光不定，有些样品具有明显的紫外荧光，另一些样品在长波紫外光下没有荧光，在短波紫外下有微弱荧光（图6-87）。

3.折射率

涂胶处理翡翠测的折射率在1.52左右。

4.红外光谱

涂胶处理翡翠的红外光谱与含蜡较多的翡翠的特征非常类似(图6-88)。所以在测试红外光谱时，一定要在细致宝石学观察的基础上进行。

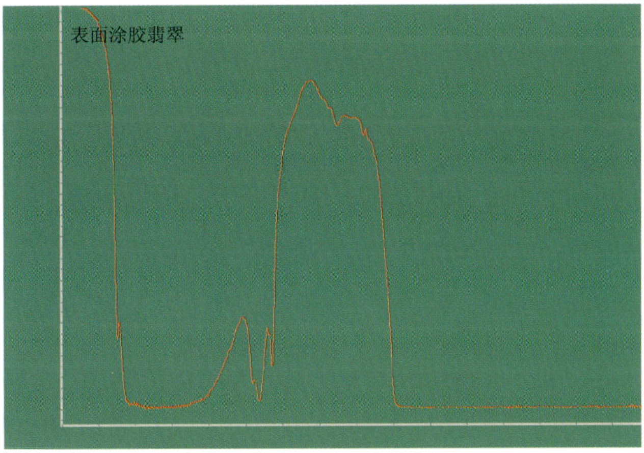

图6-88 涂胶处理翡翠的红外光谱

参考文献

[1] Kurt Nassau.Gemstone Enhancement.Butterworths, London, 1983.

[2] R.Webster.Gems——Their Sources.Decriptions and Identification, Butterworths, London, 1962:204~213.

[3] 王福泉.B货翡翠.中国宝石,1993(3):47~48.

[4] 侯舜瑜,曹姝旻.用显微镜鉴定翡翠A、B货.珠宝科技,1995(17):35~36.

[5] 张盛弘.硬玉A、B货之溶液测试法.吴照明珠宝学刊,1995(21):44~47.

[6] 刘晓文.化学成分鉴别翡翠A、B货方法探讨.中国宝玉石,1998,27(17).

[7] 张蓓莉,高岩.使用带近红外光纤探头附件红外光谱仪鉴定B货翡翠.宝石和宝石学杂志,1999,1(2):25~28.

[8] 伊曼纽・费伦茨,刘严,文明植和吴舜田.B货翡翠的鉴别.中国宝石,1995(3):79~81.

[9] Tay, T.S., Paul, S.and Puah, C.M..SEM Studies of bleached and polymer-impregnated Jadeite.the Australian Gemmologist, 1993(18):257~261.

[10] 苏文宁,翡翠玉件B货鉴别新探.珠宝科技,1995(1):31~35.

[11] 张蓓莉,柯捷.浅谈翡翠"B货"的鉴别.中国宝石,1993(4):50~51.

[12] 欧阳秋眉.如何正确鉴别B货翡翠.中国宝石,1994(7),24~26.

[13] 吴瑞华,王春生,袁晓红.天然宝石的改善及鉴定方法.北京:地质出版社,1994,157~163.

[14] 郑楚生,王英,张惠芳.含蜡翡翠A货与B货的拉曼光谱鉴别.矿床地质,1996,1(15):133~136.

[15] 刘玉山.宝玉石鉴定的新技术——波谱分析.矿床地质,1996,1(15):115~118.

[16] 侯舜瑜,曹姝旻,方小波.利用拉曼光谱鉴别翡翠A、B货.中国宝石,1995(3).

[17] 丘志力,陈炳辉,张勇.翡翠中的包体及其对鉴定A、B、C货的意义.中国宝石,1996(1):49~51.

[18] 郭守国,王北群.结构——B翡翠鉴定之关键.中国宝石,1996(1):55~57.

[19] 张位及等.翡翠表面微波纹.宝石和宝石学杂志,2000,2(2):19~23.

[20] 张向军,陈珊,汤静文等.一种新的翡翠再造品.宝石和宝石学杂志,2003,5(1):5~6.

[21] 雷威,杨宇坤等.翡翠再造品的显微特征.宝石和宝石学杂志,2003,5(3):26.

第七章　翡翠原石的特征和识别

翡翠的原石一般分成两种类型：一种是从翡翠矿脉中开采出来的没有风化外皮的原生矿，称为新山料（图7-1）；另一种类型是从河床、山坡和砾岩中开采出的具有风化外皮的翡翠砾石，称为仔料（图7-2）。仔料不仅产量比新山料多，而且质量比新山料要好，可以出现有高档玉料，而新山料一般只出产中低档的玉料。新山料因为没有风化的外皮，从表面即可以观察到翡翠质地的好坏，而且表里如一，较易于判断整块山料质量的高低，仔料则与新山料相反，内部质地的好坏，绿色的多少往往都无法直接观察到。

图7-1　翡翠新山料

但是，翡翠仔料的风化外皮上存在揭示其内部质地的线索，外皮上的某些特点与翡翠的矿物成分、结构等因素有内在的联系，正确地认识和识别翡翠仔料外皮上的这些标志，是了解和判断其内在质量的基础。但是，仔料内在质量与外皮特征的关系非常复杂，并且存在多解性和不确定性，至今尚无人可以完全把握，故又有行话说“玉石无专家”。由于翡翠仔料的评价非常困难，风险

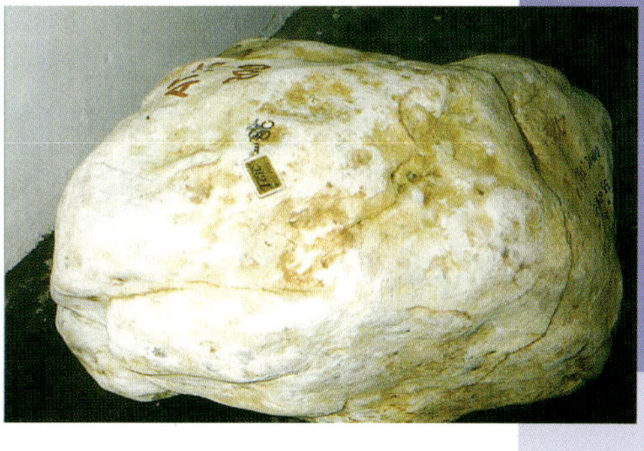

图7-2　翡翠仔料

大，故形象地把翡翠仔料称为“赌石”。

第一节　翡翠仔料的形成和产出特征

一、仔料及其外皮的形成

翡翠矿脉一旦出露地表，所处的环境条件与其形成时的条件有很大的差异，组成翡翠的各种矿物，在水、空气、温度的作用下，发生氧化和水解等作用，转变其他的化合物，矿脉也会发生崩析，分离出大小不一的石块，并在重力和水力的作用下，离开原地，经过磨蚀滚圆，形成大小不一的砾石，沉积在河床、山谷等盆地内形成砾石或砾岩。翡翠矿脉在地表所经受的这一系列的作用称为风化作用。

翡翠经受化学风化作用的程度除与气候条件有关外，还与翡翠的矿物组成、所处的地表环境有关。在组成翡翠的矿物成分中硬玉较为稳定，钠长石、角闪石较不耐风化，较易发生水解和氧化作用，而形成褐铁矿、高岭土等。所以钠长石、角闪石含量高的原矿在风化过程中较难保存下来。风化作用首先侵袭翡翠原矿的表层，并形成风化外皮。

二、仔料的产状和类型

缅甸翡翠仔料的产状可分为3种类型：残坡积型、第三纪砾岩型和现代河流冲积物型（图7-3）。其中第三纪砾岩中的翡翠矿床是最重要的，因为它不仅是开采的对象，而且还为残坡积和现代河流冲积矿床提供翡翠来源。另一种残坡积矿床是与翡翠矿脉有关的，是矿脉在风化作用下，崩裂下的碎块，残留在原地

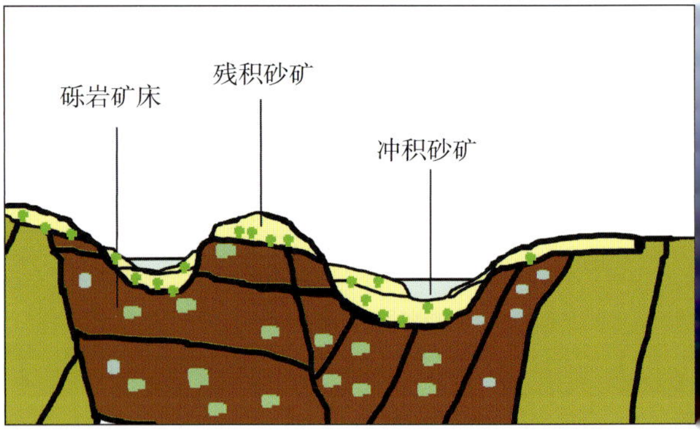

图7-3　翡翠仔料的产状特点

或流落到不远的坡脚处，这种仔料没有经过长距离的搬运，棱角明显，风化皮也较厚。但是这种仔料产出少。

不同类型的矿床中产出的翡翠仔料的特征也多有区别，位于山坡上的残坡积矿床中产出的翡翠仔料的外皮多比较厚，比较疏松，因为残坡积的翡翠仔料的风化作用以化学风化为主。在河床中的翡翠仔料的外皮很薄，而且皮下就是新鲜的玉肉，这种仔料又称水石，外皮称为水皮。水石的外皮很薄是因为水石经受的机械风化作用强，经常受到水流的冲刷及与卵石的摩擦，松软的风化皮易被磨蚀造成的。介于水皮与山皮之间的仔料的外皮称为半山半水皮。砾岩中开采出来的翡翠仔料皮比较薄，而且比较坚硬，是由于砾岩中的翡翠砾石原先是经过不同程度风化和侵蚀的水石，然后被埋藏在砾岩中，并且被地下水浸泡，未遭强烈的风化，其外皮多为黑色，可以呈砂粒状、蜡状，还常常覆有黑色的胶结物，形成特殊黑色、具有蜡状光泽的蜡状皮。这类仔料通称为黑皮石，是现在主要的翡翠仔料类型。

第二节　仔料的构造和外皮的结构特征

一、仔料的构造特征

风化作用由表及里，在外表上形成称之为“外皮”、“砂发”或“外壳”的风化层，风化层下又可能形成半风化层，通常称为“雾”。半风化层之下才是新鲜未受风化或风化作用轻微的玉肉（图7-4）。

二、仔料外皮的特征

外皮是翡翠遭风化作用形成的，虽然与新鲜的翡翠在化学成分和物理性质上已有很大的差异，但是仍然保留有可反映内部质地的特征。可以根据外皮上的特征，分辨出外皮的粗细、均匀、松紧和翻板等，据此可以认识翡翠内部的质地。

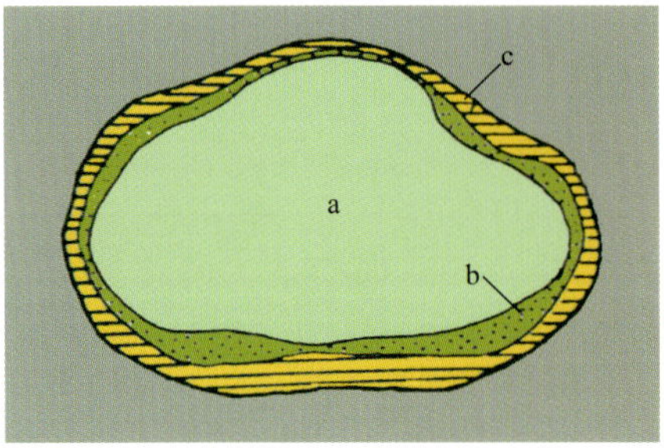

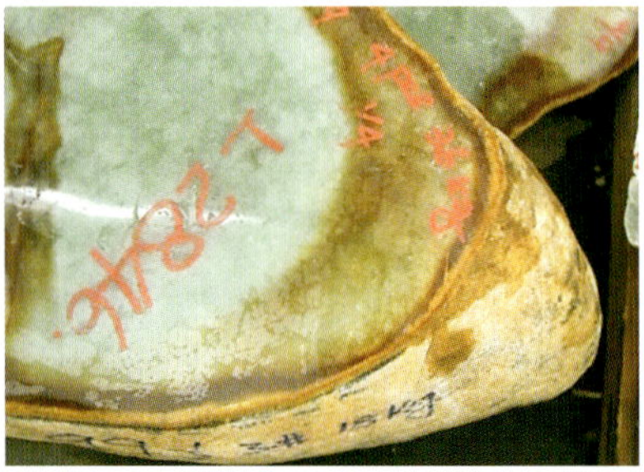

图7-4 翡翠仔料的构造

a.新鲜玉石；b.雾-半风化玉石；c.皮-风化层

1.外皮的粗细

仔料的外皮可根据其组成砂粒的大小和形态分成3大类：糠状皮、盐状皮和粉状皮。砂粗则反映其内翡翠的颗粒也粗，反之亦然。

（1）糠状皮。糠状皮指砂粒呈长柱状或纤维状，且多孔、泡松，具有交织状的结构，形如米糠，颜色多呈黄至黄褐色。根据糠状皮的粒度大小，又可以分成粗糠皮、中糠皮和细糠皮（图7-5、图7-6）。

图7-5 粗糠皮

（2）盐状皮。盐状皮的砂粒为粒状，粒度比细糠皮的小，类似盐粒，故称盐状皮（图7-7）。

（3）粉状皮。粉状皮是由细如粉末的砂粒所组成（图7-8），多显灰白、黄色等颜

图7-6 细糠皮

色，也称为“石灰皮”。

粗糙皮的玉内必定是晶粒粗大的豆种，往往透明度欠佳，但也会出现象芙蓉种那样接近半透明的品种。外皮上的砂粒越细，玉内的结构也越细，粉状皮或者石灰皮的仔料，内部常常具有玻璃地、冰地的品质。

2.外皮的松紧

皮松者其外表的风化层往往很厚，皮质粗糙，用手指搓搓，外皮就会有砂粒脱落，反映其玉肉地子较粗糙，透明度多不好。

皮紧者，外皮的结构紧密坚实，用手指搓不掉，最紧密的用指甲甚至小刀也刮不掉，皮紧者往往表明其玉肉质地紧密，并以硬玉成分为主，则质地可能较好，但还要看其他的特征，如砂粒大小，翻板和皮色等因素。此外，砂粒结合的紧密与否还和风化皮的厚薄有关。

3.外皮的翻板

翻指外皮的颗粒挺直或斜撑，侧看为参差交错，砂粒尖如芒刺，手指搓感到糙手，如果加上皮紧，手指会感到刺痛，甚至被割破，这是好的玉相。袁奎荣（1997）认为：当仔料中含有钠长石时，钠长石将先风化成高岭土，而硬玉则以砂粒保留下来，使硬玉晶粒突出，这种仔料透明度较好[1]。

板是指外皮上的颗粒平板，侧看砂

图7-7 盐状皮

图7-8 粉状皮

粒平卧，用手指搓只觉轻度糙手，砂板的原因是翡翠受到动力变质作用，在应力的挤压下造成的硬玉颗粒的定向排列，经验认为砂板的仔料玉质不好。

仔料外皮的特征与质地的关系，被总结成一套广为流传的口诀：砂粗肉粗，砂细肉细，砂匀肉匀，砂净肉净，砂硬底硬，砂乱底毛，砂泡底嫩，砂铁肉亮，砂板底木。

第三节　翡翠仔料外皮的种类和特点

翡翠仔料外皮的总体特征，不仅与翡翠本身的质地有关，还与遭受的风化作用的类型，保存的地表环境等等因素的影响，导致缅甸产出的翡翠仔料有多种多样的特征，所以常常根据翡翠仔料的外皮划分仔料的种类，并有丰富的经验总结。常见的翡翠外皮按外观的特征可分成5个类别：砂状皮、蜡状皮、半山半水皮、水皮、水翻砂皮等。

一、砂状皮的种类和特点

砂状皮的外表粗糙，没有光泽，砂粒突出，较为松散，皮层较厚，是发育和保存最为完好的风化皮。常见的砂状皮有：白砂皮、黄砂皮、铁砂皮与砂皮、白盐皮、石灰皮等。

1.白砂皮、白盐皮、石灰皮

皮色白，或浅灰色，砂粒往往突出，较为疏松。石灰皮是一种极细粒的白盐皮，如同石灰。白砂皮内部往往没有什么绿色，或有淡绿和淡紫色。如果砂粒细致，如细盐粒一般，玉质的质地细腻透明度高，大多数的冰种都具有白砂皮（图7-9、图7-10）。

2.黄砂皮

皮的颜色浅黄色，土黄色或褐黄色，皮多比较厚，砂粒也常常比较粗大（图7-11），一般认为是比较好的仔粒外皮，可以有较多的绿色。皮上若见绿的色根，绿色往往较好，可成艳绿的根色或面积较大的全色。

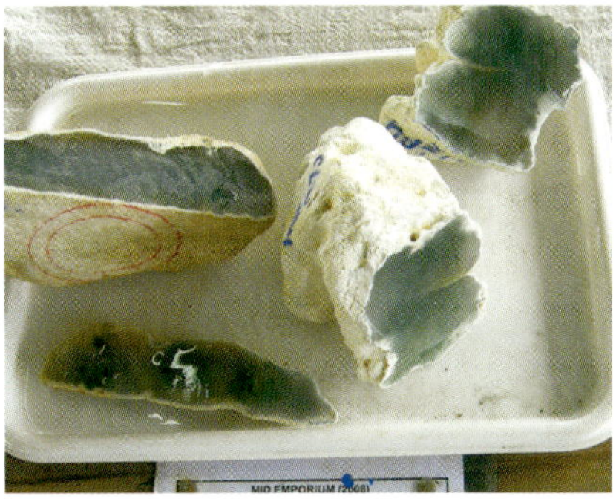

图7-9 石灰皮

图7-10 白砂皮

图7-11 黄砂皮

3.红砂皮

红砂皮也为铁砂皮、铁壳，呈红褐色，褐色，也有说如黄鳝皮的颜色，这种皮比较坚硬，不会很厚，仔料形状多有棱角，滚圆程度较差（图7-12），并且产量不高。行家认为，红砂皮表示翡翠的“种”很“老”，即质地致密且水头好。如果外皮不仅砂细，而且还可见到松花和黑色条带，则指示内部水好且有高翠[2]。

图7-12 红砂皮

4.乌砂皮、黑皮

乌砂皮的颜色呈黑色、黑灰色，有的带有绿色，砂粒不太明显，皮层比较紧密，略有蜡状光泽。

乌砂皮玉料的好坏最具有争议性，其内部可能是老坑玻璃种，但也可能虽有颜色，但质地污，裂纹多。摩太先生（1993）认为，乌砂皮玉料的质地大多数带灰黑、水头不好，只能用色，不能用绿色以外的部分。

由于黑色最能掩盖其他的颜色，故若在乌砂皮上能看出绿色，则表明内部的绿色多而且浓。

现在，从砾岩中开采出来的翡翠仔料通常都有黑色的皮壳，而黑皮仔料的质量差别巨大，从砖头料到色料都有（图7-13至图7-16）。

图7-13 黑砂皮

二、水翻砂皮和半山半水皮

水翻砂皮又称水地砂皮，是磨圆度好的椭圆形翡翠仔料具有一层砂状的风化皮。这是因为原来冲积层中无皮的翡翠砾石，由于地质运动、地貌及气候条件等的变化，又遭受化学风化造成的风化等，水翻砂外皮的特点是砂粒明显，皮硬并且较薄（图7-17）。

图7-14 黑（蜡）皮

图7-15 乌砂皮

图7-16 乌砂皮的内部

图7-17 水翻砂皮

半山半水皮与水翻砂皮的成因过程正好相反，是因为原来风化皮非常发育的仔料，受到水流的侵蚀，使风化皮部分磨蚀形成的（图7-18）。其特点是表面光滑，但具有残留的风化皮。水翻砂皮和半山半水皮的外皮特征对仔料内部玉质的反映更为直接和明显。[2]

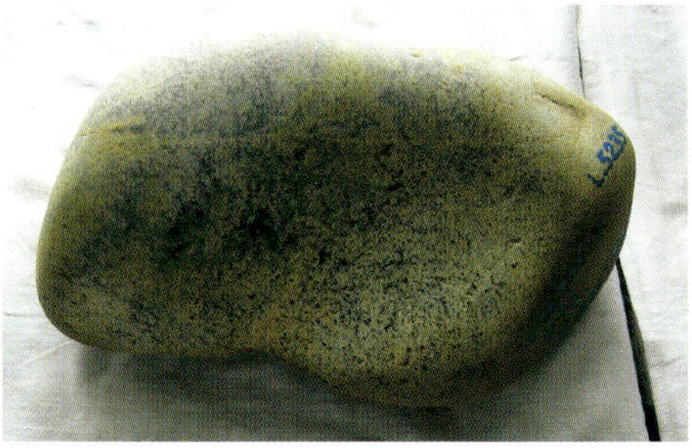

图7-18 半山半水皮

三、蜡状皮

蜡状皮是一种奇特翡翠仔料外皮，这种外皮不仅光滑、坚硬，颜色多样，厚薄不一，而且还具有蜡状的光泽。

有些蜡状皮仔料只产于某些特定的厂口，如会卡产区和后江产区。行家认为红蒜皮是后江产区的一种特征的蜡状皮，皮薄、色白中带红，其中的玉肉不仅色好水好，而且可能有满绿，可买可赌[3]。

图7-19 黄蜡皮

蜡状皮依颜色和厚薄被称为黄蜡皮、白蜡皮、红蜡皮、黑蜡皮和大蒜皮（图7-19）。蜡状皮的颜色与仔料的砂皮颜色有关。近地表的砾岩经风化呈红色的红石层，该层中的翡翠仔料可为红蜡皮，较深部分的黑石层产黑蜡皮。黑石层中的黑蜡皮是外来物质黏附在翡翠砾石的表面形成的，黑蜡皮非常的细粒，完全不反映翡翠的粒度和结构（图7-20）。

图7-20 黑蜡皮

四、水皮

水皮即水石的外皮。水石产于现代河流的河床，由于水流的冲刷侵蚀，松软的风化层在砾石的滚动摩擦下已荡然无存，皮薄如纸，皮色多样，有黄皮、白皮、绿皮、腊肉皮、笋叶皮、黑花皮、麻花皮（图7-21、7-22）。水皮的特征与玉肉的质地很接近，内部的颜色及裂纹也较容易观察，仔料的品质大多一眼可以看清。

水石主要产于雾露河的河床之中，主要厂口有麻檬、帕敢、龙塘、龙坑等。

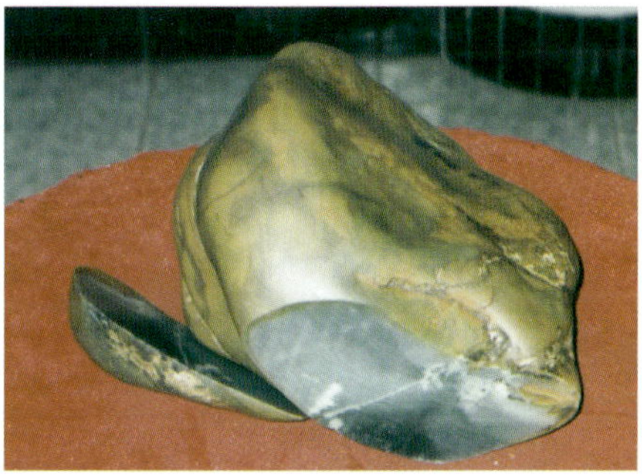

图7-21 黄水皮

图7-22 红水皮

第四节 仔料的半风化层——雾

“雾”是行家称呼仔料外皮与新鲜玉肉之间的水浸半风化层，雾与肉通常都有较明显的界线，但两者在矿物成分和物理性质（如硬度、折光率等）差别不大，有雾的地方，外皮与雾之间常有一厚度不等的过渡区。雾的厚度变化很大，一般在1cm左右，也有达数厘米者，玉质不好的，雾往往较厚。雾有不同的颜色，如白、黄、密黄、红、褐红、黑，并分别称为白雾、黄雾、红雾、牛血雾和黑雾。据行家的经验，从雾的颜色也可以看出玉肉的质量，白雾和黄雾指示的玉质好，红雾次之，黑雾最差。

白雾又被称为包皮水，也叫水浸。其特点是从外皮向内部浸入的一种灰白色调，受浸部位的透明度会有所提高，如果翡翠原来为不透明的干白地，有雾的地方透明度会有明显的提高，可能变成半透明状的灰水地，同时也增加了灰色调，如果原来颜色较鲜艳，水浸之后绿就会发灰，成为暗绿，甚至变成油青色。油青色的雾通常很厚，多出现在黑层中开采出来的黑皮仔料中，这些雾的部分就成为油青种(图7-23)。这种雾导致翡翠透明度提高，颜色变灰，在雾比较厚、开口又比较浅时，常会影响对仔料的全面认识。

如果仔料的外皮上显出雾的颜色，这种情况称为“雾跑皮”，行家认为“雾跑皮”的仔料玉肉必定显灰，会极大地影响绿色的鲜艳度，是不好的征兆。

如果仔料的黄雾、红雾厚，则也可以用作为红翡(图7-24)，或者当作俏色加以利用。少量的仔料会出现黑雾，如果色黑均匀，厚度比较大、质地亦可，可以作为墨翠的原料使用。

图7-23 很厚的蓝水雾

图7-24 厚的红雾

第五节　仔料外皮上的花纹

仔料外皮的颜色多与内在的颜色没有明显的联系，很难用来判断仔料颜色的多少、分布特征和色调。但是仔料皮壳上还常可见一些与颜色有联系的现象，通称为花纹。花纹常见类型有松花、蟒带、碳质黑带和癣等。正确地认识这些花纹，是购买仔料最为基本的前提。

一、癣

癣是翡翠仔料危害最大的毛病之一，并且破坏力大。“癣”通常是角闪石风化后形成的。由于角闪石较硬玉更容易风化，故常形成内凹的形态，同时由于这些角闪石含铁量高，在外皮上可显黑色、灰色和深绿等颜色。

癣对绿有破坏作用，所谓的“黑吃绿”，是不好的一面。但另外一面是，往往有癣就绿，翡翠具有“黑随绿走”的规律。所以有癣又表明有绿存在，这是一个可以利用的有利方面。所以对出现的癣要进行具体的分析，要把它作为认识仔料内部质地的重要特征看待。癣的种类很多，从颜色上看，有黑癣、灰癣和绿癣，从深入延展性上看可分为深入内部的“直癣”和对内部影响较小的“横癣”。从形态上分有马牙癣、鼠蟒癣、猪鬃癣。

癣在仔料上除了出现一定的颜色之外，往往内凹，出现凹槽凹坑，其形态有点状、槽状、补丁状等。

如果癣呈点状（马牙状、鼠爪状）是角闪石细脉沿脉状的绿色翡翠进行选择性交代作用的一种表现。癣将和绿紧密相随，严重影响翡翠的质量，如果“马牙癣”遍布仔料，那么该玉石就没有什么可以利用的了（图7-25至图7-28）。

如果癣呈一条凹槽，在翡翠内部往往呈脉状，这种癣对翡翠的交代作用不强，选料时可以避开，并且与绿也没有必然联系。

图7-25 鼠爪癣

图7-26 鼠爪癣仔料的内部

图7-27 马牙癣

图7-28 马牙癣仔料的内部

“癣”与另一种花纹——松花的区别在于癣主要呈灰黑色和深绿色，松花则呈浅绿色。绿癣的颜色灰暗，而松花的颜色较鲜艳。绿癣的颗粒粗大，松花的颗粒一般较细小（图7-29、图7-30）。

图7-29 绿藓的绿色和形态

图7-30 绿藓仔料的内部

二、松花

松花是外皮上呈现的绿色，是玉石内部颜色在外皮上的显露。具有松花的外皮，其砂粒（即未完全风化的硬玉颗粒）呈绿色（图7-31、图7-32），当稍大时不必用放大镜，直接用肉眼就可以看见，但细小的松花必须用放大镜看才可以看到。松花是内部绿色的最可靠的标志，一般说，外表没有松花的仔料，内部很少会有绿色。

图7-31 外皮上比较明显的蓝绿色松花

图7-32 外皮上隐约的脉状绿色

仔料外皮上出现的颜色有的明显，有的不明显，不明显者往往是因风化层过厚或内层“雾”的影响，则不易判断其色调。对表现明显的颜色，则要分辨出是哪种颜色，是否达到高色高翠的标准，若是蓝绿、灰绿或油绿，则是不好的绿。

松花是指如松叶的绿色，松花越密越好，颜色越鲜艳越好。如果松花遍布仔料，则是绿多的表现。

如果松花仅出现在仔料的一面，即使很集中，也可能是无用的“靠皮绿”的表现。

假若松花形成带子状，环绕仔料周身，则是最好的“带子玉”。

三、锈斑

锈斑是指在仔料外皮上出现的浅褐红色的不规则团块状色斑，是玉石内部紫色的显露。锈斑的颜色越深表明内部的紫色越浓（图7-33至图7-36）。但是，由于锈斑的颜色比较浅，只有在白砂皮、部分黄砂皮类型的仔料上才比较明显、比较易于识别。对于红砂皮和黑砂皮的仔料，锈斑易被皮色掩盖，而看不出来。紫色好的仔料，往往没有绿色，或者只有一些浅淡的绿色，这是需要注意的另一个方面。

图7-33 黄砂皮上的明显锈斑

图7-34 仔料内部浓郁的紫罗兰色

图7-35 外皮上与黄色混杂的锈斑

图7-36 仔料内部有较好的紫罗兰

四、蟒带

蟒带是指一种特别的“纹带”，是翡翠仔料外皮上的带状迹象，有的与颜色有关，有的与颜色无关，与颜色有关的又可有利，又可不利。蟒带的表现既可以很明显，又可以是若隐若现，不易识别。

若出现绿色的蟒带（图7-37至图7-39），在外皮上呈凸出的条带或呈内凹的条带，都是好的玉相。相对来说，凸

图7-37 豆青色蟒带

图7-38 翠绿色蟒带

图7-39 翠绿色的蟒带

起的蟒带表示绿色的翡翠较周围无色或浅色玉肉的结构更为细密，水头更好。而下凹的蟒带则相反，其绿色玉肉的质地相对于周围的玉质更为粗疏，甚至可能伴有裂隙。有时，绿色的蟒带中夹有黑色，也对绿带子的品质有很大的影响（图7-40），这些情况都要加倍地小心。

图7-40　夹癣的蟒带

蟒带如果呈现其他的颜色，如白色、黑色、橘红色、灰色等，则不一定是绿色的标志，黑色的蟒带是角闪石脉的表现，可以说是成带状的癣（图7-41至图7-44），不指示绿色。所以，对此蟒带要非常的谨慎，要仔细观察，如果在蟒带上能发现松花，则可能成为带子玉，是最具有可赌性的仔料。

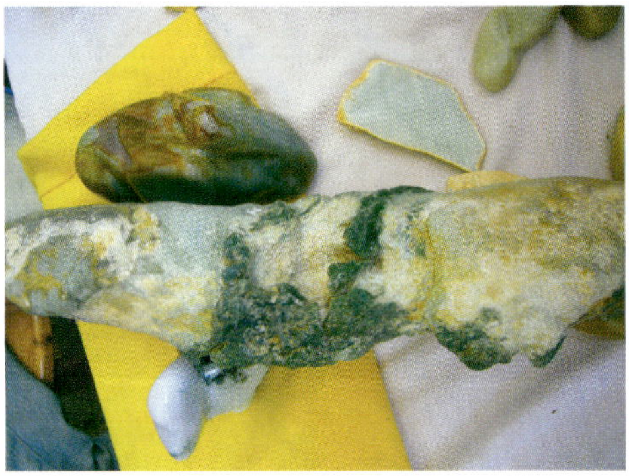

图7-41　浅绿色的不规则蟒带

图7-42　浅绿色蟒带的质地

图7-43　黑色的蟒带

图7-44　内部看是带状的癣

假若蟒带中绿黑相伴，则可能是癣夹绿的情况，色与癣不可分开（图7-45、图7-46），不是好玉。蟒带也可能是无色的“玉筋”，是质地与周围玉石不同的条带或脉体，而没有绿色。

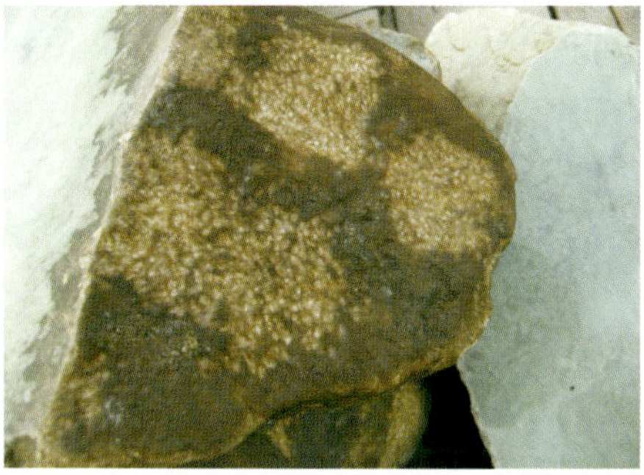
图7-45 交叉的黑色蟒带

图7-46 内部为交叉的带状癣

第六节　仔料的裂绺和识别

仔料中若存在裂绺会对玉石的利用造成很大的危害。较大型裂绺一般说会影响到仔料的形状，通过对仔料形状的分析，可以加强对裂绺存在与否，延伸方向，延展深度等特征的认识，但是，小型的裂绺在外皮上一般没有反应，这时要根据开口或擦口进行观察。

从形态上看，翡翠的小型裂绺有格子裂、雁行裂、直裂、鸡爪裂和马尾裂等（图7-47）。其中格子裂，鸡爪裂和马尾裂因裂隙密集、危害极大，甚至可使整块玉料成为废石，无可利用。而且，缅甸翡翠的有些厂口专出裂纹

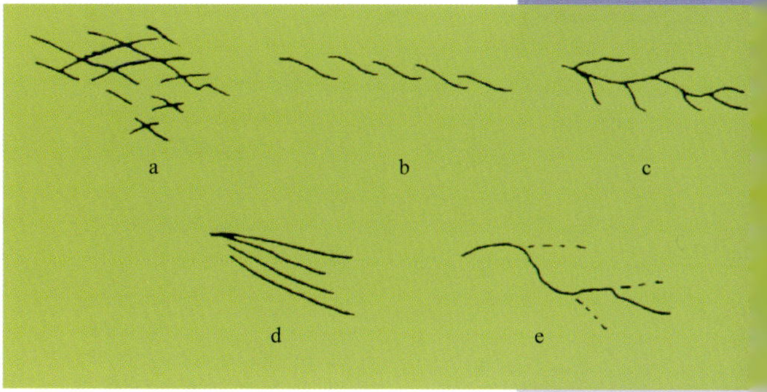

图7-47 翡翠裂绺形态

多的玉石，例如“雷打厂”产出多裂的翡翠，称为雷劈种。

从成因上，翡翠的裂绺是由地质构造活动产生的剪切压力造成的，如格子裂、雁行裂、马尾裂都是典型的剪应力裂隙。

一、裂绺的类型

1.明显的裂绺

仔料上可见到各种裂绺甚至已经破开的裂纹，有的裂隙两侧也受到了风化，而有一定厚度的风化层，即外皮，故这种裂隙也称为夹皮绺。如果裂隙贯穿了整块仔料，上下贯通，便称之为“通天绺”。如果有两个或3个方向的裂隙成垂直交叉或近于垂直的交叉，便称为“十字绺”。半开口成群出现的小裂绺，称为“碎绺”。如果在仔料上只能看见纹路，没有颜色，也没有开口，则称为“小绺”或“合口绺”。

2.隐蔽的裂绺

小的裂绺或各种的合口绺，在仔料外皮的遮掩之下无法直接观察到，但由于具有裂绺的位置的风化作用较为强烈，所以有可能表现在仔料的形状上。下列的仔料形状，都可能指示仔料内部存在裂绺。

（1）台阶式：仔料若具有各种形态的台阶状外形无论台阶形的大小或显著与不太显著，都可能提示沿台阶水平或垂直的两个方向容易出现裂绺（图7-48a）。

（2）沟槽式：仔料若具有各种深浅的沟槽，沿沟槽方向都可能出现裂隙

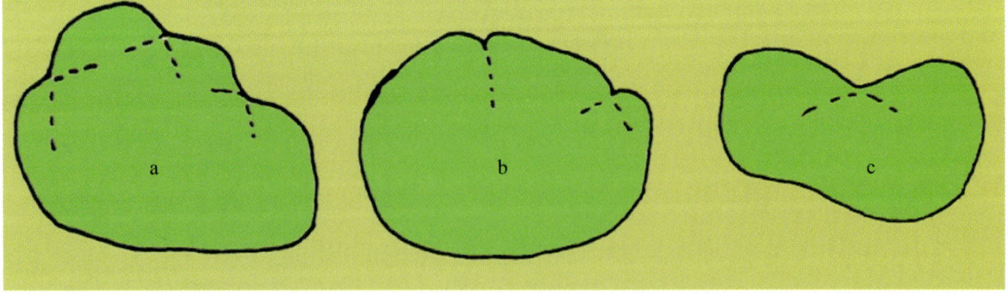

图7-48 翡翠仔料形态与隐蔽裂绺的联系

（图7-48b）。

（3）交错式：仔料若具有两个相对的斜状皮面相交，则在两斜坡面交错处则可能指示有可能存在与坡面成同方向的裂隙（图7-48c）。

二、裂绺对翡翠的影响

有几种裂绺对翡翠的影响很大，尤其要加以注意：

（1）错绿绺：错位绺虽然把色带截断（图7-49a、图7-50），但是，只是错开位置，另一半色带仍然在同一仔料内，对绿基本上没有损失。

（2）截绿绺：即把绿色色带给拦腰截住的裂绺（图7-49b）。当仔料上存在与色带倾斜或垂直相交的裂绺时，就要注意是否可能造成截绿绺。

（3）随绿绺：即沿着翡翠绿色带发育的裂隙（图7-49c）。这可能是因为绿色部分较其他部分易于开裂。或者，翡翠中的绿色带本来就是较后期热液交代作用的产物，就是沿构造薄弱区形成的。如果随绿绺较大，并导致仔料破裂，在整个破裂面都是绿色，但这绿色非常薄，俗称“靠皮绿”（图7-51）。此外随绿绺会对翡翠的利用造成十分不利的影响，这在购买仔料时一定要加以认真考虑，要避免只追求有“绿”，而

图7-49 与绿色翡翠有关的裂绺

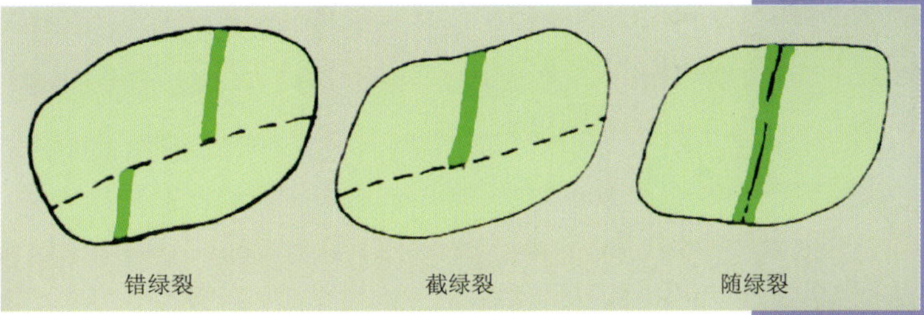

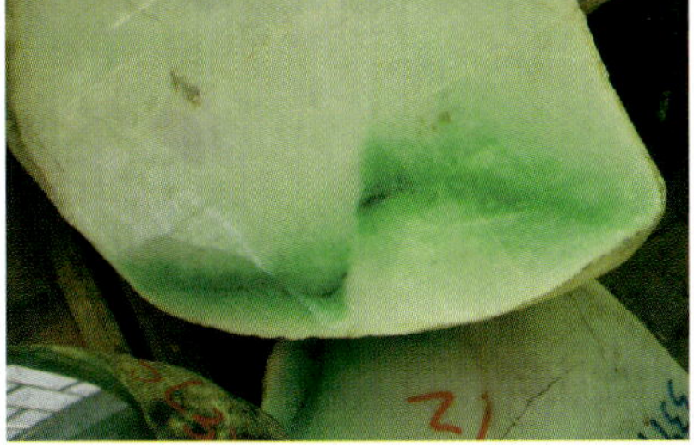

图7-50 错绿绺截断了绿脉

图7-51 随绿绺造成的靠皮绿

没有注意到同时存在“绺”的危险，而造成经济损失。

第七节　翡翠仔料做假的类型和识别

在市场，大多数翡翠仔料都不同程度地切磨掉仔料的外皮，暴露出内部的质量，让购买翡翠仔料时能够更为直接地判断翡翠原料的质量。去掉仔料外皮的方法有两种：一种方式是在仔料的局部磨掉外皮直到玉肉，并抛光，这种方式称为水口；另一种方式是从仔料的一端切下一小块，并把切开的面抛光，这种方式称为开口。水口和开口的目的是为了展示仔料外皮下面优良的质地和绿色。但是，有翠有水的翡翠不多，在利欲的驱使下，就产生出各种各样对水口和开口以及其他能表明内部有翠的特征进行改造、伪装的方法，蒙骗欺诈，使翡翠原石交易布满了陷阱。

一、翡翠仔料做假的类型和方法

翡翠仔料做假也和翡翠成品的人工处理一样种类日益增多，手法也更为高明，识别也更加困难。识别仔料做假是购买翡翠的头件大事。常见的做假类型有：

1.滚圆假仔料

把各种无皮的新山料，用滚筒滚圆，冒充仔料（图7-52）。

2.假皮假料

用各种石头，如染绿色的石英岩、花岗岩砾石或者劣质的翡翠山料加以改造，先

图7-52 新山料滚圆的假仔料

使之外形像卵石，然后在外表做上假皮（图7-53）。制作的方法是：用水泥与各种砂土混合，然后抹到石头的表面，在未干之前再用细碎的翡翠颗粒撒在上面。除了用水泥做黏结剂外，也常用各种胶水。为了更加逼真，把做好假皮的石头在地下埋上一段时间，使皮色更为自然。

图7-53 染色石英岩的假仔料

3.天窗盖帽

通常是赌货切开后，里面没有翠，或者底差等原因，情况不好，就原封不动黏合起来，又在黏合线及附近做上假皮，使之天衣无缝（图7-54）。这种石头从外表上看往往是高档玉料，价格很高。所以对高档玉料更要小心。对有怀疑的地方，可用小刀刻划，找出黏合线。如果货主不让用小刀刻，也可用一杯温水，把高档玉料放在热水中，如有黏合，就会有气泡不断地从黏合线外冒出。如果气泡只是静止地附着在仔料的表面，则不指示黏合或者假皮现象。

图7-54 天窗盖帽

4.贴片假口

在仔料的开口和盖子分别贴上一层水好色好的翡翠薄片，又在黏接处做上假皮掩盖，也可以用无色或色差的贴片，但在贴片的背面涂上绿色（图7-55）。虽然有假皮掩盖，但是胶结层泡在热水中会有气泡冒出，用小刀可以挖出接合线。

图7-55 贴片造假的翡翠仔料

5.镶块假口

用一块小的质地较好的翡翠仔料，嫁接到质地低劣的大仔料上，并把小仔料切成开口，来制造假象，让人觉得整块玉料的质地都不错(图7-56)。识别的方法和前面一样，注意有没有假皮，敲敲开口，听一听敲击的声音，泡在水里看有没有气泡，或等待打湿的仔料风干，假皮干燥的速度较慢，会留下印迹。

图7-56 镶块造假的翡翠仔料

图7-57 假水口的仔料

6.假水口

假水口的做法是在仔料的表面镶嵌上一块色好水好的翡翠贴片，黏牢，然后做假皮遮掩后，再在贴片上擦掉假皮，制造出假水口(图7-57)。一块仔料上的假水口通常只有一个，所以假水口的仔料往往只有一个很好的水口。这种情况不符合擦水口的常理，没有人擦出一个好水口之后就不再继续找绿的显示，除非真的找不到，那么也说明这块仔料不好。

7.挖空涂色

有几种可能，透明度好的翡翠，可靠近开口的附近钻孔或挖空，涂上绿色，垫入锡纸，然后把孔堵上，做上假皮。从开口处看，内部有绿，叫人上当。或者，把贴片的背部挖空，填上绿色的胶泥，再胶结到仔料上，做假皮掩盖（图7-58）。对切口上没有绿，而内部有绿的仔料，都要加倍小心，一般地说，如果内部有绿，又开了口子，货主都会尽量地把绿暴露出来，而不是让它若隐若现。

图7-58 挖空涂色的造假仔料

8.假蟒带

在有绿色脉的仔料上沿绿脉擦出一条凹槽，凹槽内显出绿色，以仿冒绿色的蟒带（图7-59）。也可用没有绿色的仔料，在擦出凹槽后，在凹槽内涂绿色染料来假冒蟒带。

图7-59 凹槽假蟒带

图7-60 染色仔料

9.染色仔料

用绿色染料涂在乌砂皮仔料的表面，呈不明显的绿色，冒充松花，冒充内部高翠的显示。这种做假也称为假爆青。认真观察可以发现染料在裂隙中浓集（图7-60），在查尔斯滤色镜下变色等染色的特征。

10.相似玉石假仔料

翡翠毛料市场上常见有用其他玉石来仿冒翡翠仔料的情况，常见的品种有：钠长石玉（图7-61）、天河石（图7-62）、钙铝榴石（图7-63）、大理岩（图7-64）、磨西西（图7-65）、碧玉（图7-66）等。

图7-61 钠长石玉假仔料

图7-62 天河石假仔料

图7-63 钙铝榴石假仔料

图7-64 白云大理石假仔料

图7-65 磨西西假仔料

图7-66 碧玉假仔料

二、假仔料的鉴别方法

翡翠原石的鉴别有其特殊性，一方面受到交易现场的较为紧迫的时间限制；另一方面又受到条件的限制，实用的鉴别方法必须能够应付这两个不利的条件。

1.仔料开口的观察和分析

仔料的开口和水口所呈现的质地和色彩，一般来说可反应仔料内部质地的特点，是可以作为判断依据的。但是仔料的开口越小，或者水口越少，对仔料其余部分的质地和颜色的情况也就不好判断，那么仔料也就越不值钱，所以玉石老板会尽量把能够显示的好质地都用水口或开口来显示出来。但下列的情况有悖于这一常理。

图7-67 只有很小开孔的造假仔料

（1）大玉石开小窗擦小口。大玉石开小窗擦小口，可能是裂纹较多，或者绿太少，或者是假口，要根据情况再进行具体的分析（图7-67）。但这种仔料一定有问题。

（2）开口、擦口不抛光。去皮、开口或擦口在光照下颜色鲜艳，但不抛光，是因为一旦抛光，其中的缺陷就会暴露无余，常常是有绿夹黑，绿色调不正或者微裂多等毛病。

（3）无盖子。玉石切开口子时会切下小块，即为开口的盖子。盖子与开口是可以吻合的，交易的规矩是盖子与玉石一起卖。如果开口没有盖子，说明盖子上可能有大块绿，而且开口的大料上的绿比盖子上的少，并可依此得出绿色在大料中不会深入的结论。所以，没有盖子的玉料，绿色不多。

（4）大片绿。切口或外皮上一大片都是绿但又不开成明货的情况一定要当心会不会是膏药绿（图7-68）。如果里面都是绿，按常理要开成明货，以实现最高价值。加上这种玉石要价都很高，如果仔料只是薄薄的一层绿，经济损失会很惨重。所以有“宁买一线，不买一片”的说法。

2. 假皮的观察和分析

仔料做假的方式多，手段巧妙，而且在选购时，没有足够的测试设备和方法，所以仔细地观察和思考，对各种现象进行仔细的分析，是鉴别仔料的第一步。

(1) 观察外皮上砂的形态特征。天然仔料的外皮砂粒颗粒大小比较一致、晶形可见（图7-69），假皮上的砂粒不均匀，呈碎屑状，没有晶形（图7-70）。

(2) 观察外皮上砂的排列特征。天然仔料的外皮砂粒有一定的排列方向，具有一定的规则，假皮上的砂粒排列没有方向性，显得杂乱无章（图7-69）。

(3) 观察外皮上砂的组成。假皮用的砂粒含有云母、石英等颗粒，是翡翠仔料没有的成分。有的用黑钨矿碎屑充当癣，黑钨矿颜色更黑，光泽又强，与癣很不一样（图7-70）。

(4) 观察开口处皮与玉的界线。天然仔料的外皮与玉肉之间有一层过渡带，但假皮与玉肉之间往往没有过渡带，直接贴在玉肉上（图7-71），界线非常截然。

(5) 比较仔料外皮与玉肉的结构。比较皮与开口处玉质的特征，看两者是否符合砂粗肉粗、砂细肉细的规律、看颗粒的形态是否相似、看矿物组成是否一致。

(6) 观察裂隙的特征。裂隙是影响仔料质量的重要因素，但在观察裂隙时，不仅要注意对质量的影响，还要看裂隙与水口、开口和外皮之间的关系是否合理，不合理的情况有：①水口或开口上明显的裂隙在外皮上却没有反映（图7-72、图7-73），说明外皮有假，当然水口同时也是假的。②裂隙被绿色截断，外皮上的裂隙达到水口处消失在绿色之下，说明水口有假。③裂隙内有绿色，说明有染料充填在裂隙中，仔料经过染色。

(7) 观察颜色的真假。颜色是选料最为看重的因

图7-68 大片绿色留有一点皮的造假仔料

图7-69 外皮上砂粒呈长柱状且排列具有规则

图7-70 假乌皮上的砂粒呈碎屑状且排列杂乱无章，其还含有强光泽的黑钨矿碎屑

图7-71 皮与肉之间没有雾的假皮

图7-72 明显的新鲜裂隙

图7-73 假皮上没有显示出裂隙

素，但在观察时，不仅要注意颜色的价值，还要分析颜色是否在水口或开口的表面，开口与盖子上的颜色是否一致，颜色与玉质是否相配，绿色中能不能看到翠性等。

3.假皮的简单测试方法

除了认真观察和分析之外，还可以借助一些简便的方法对仔料进行检查，常用的方法有：

(1)放大镜观察。用放大镜仔细观察外皮上砂粒的形状、排列，外皮与新鲜玉肉的界线。假皮的砂粒呈碎屑状，外皮与新鲜玉肉之间缺少过渡，甚至出现结合缝(图7-74)。

图7-74 假皮的结合缝

(2) 小刀刻划。用小刀或其他坚硬的工具刻划仔料的外皮，真皮较硬，假皮较软，尤其是对有怀疑的位置，仔细探测，可以找到贴片的结合缝。小刀也要在绿色水口开口上试划，如有绿胶即可划开。另外，刻划也能识别硬度低的假仔料，如大理岩等。但在刻划之前要征求货主的同意。

(3) 敲击听声。用小玉块的棱角在开口或水口上轻轻敲击，内有挖空上色，或者有其他空洞，敲击声就空洞沉闷，不够清脆。敲击时要逐点地在开口面敲击，保证能敲到空洞的部位。这种方法简单易行，不过，也要注意不要过于用力而损坏仔料。

(4)用水浸泡。对小块的高档玉料可用热水浸泡，并观察是否有连续的气泡冒出。大块的仔料不便浸泡，可用水打湿，在凉干时注意有没有出现可凝的带状水迹。

（5）火烧。用小刀刮下一些皮，放在炉子上烧或烤，用胶黏接的假皮发出刺鼻的烧塑料味，如果是用水泥黏接的，烧后的皮用手指抹有滑感。

（6）水滴。在砂状皮的仔料的皮上滴上一滴水，有些假砂状皮不渗水，水滴呈珠状停留在假皮上，真砂状皮的仔料上的水珠会很快散掉。

（7）查尔斯滤色镜观察。有些染色的仔料，或者用绿胶的仔料，在查尔斯滤色镜下变橙红色。但也有不变色的，所以变橙红色的一定是染色的，不变色的则不一定是天然的。查尔斯滤色镜只能作为一种辅助的方法。

4.仔料的实验室鉴定方法

在有条件的情况下，可以用更为准确的方法来鉴别翡翠的仔料，可以应用的有效方法有：

（1）滴盐酸。在仔料的外皮上滴上稀盐酸，真皮与盐酸没有反应，假皮遇盐酸常会有冒泡反应。

（2）测定仔料的密度。通过相对密度可以区别出假仔料、挖空贴片仔料、贴片假仔料等。天然仔料的相对密度为3.08~3.43，而做假仔料的相对密度常常低于3.0。假仔料与翡翠仔料的相对密度差别更大，依不同的品种不同。如角闪石岩为2.7。仔料的相对密度可以用静水称重法来测定。

（3）分析外皮的矿物组成。在实验室里可以用红外光谱、X–粉晶衍射等方法分析外皮的矿物组成，假皮常常有真皮所没有的矿物种，如方解石、石英、云母、白云石和黑钨矿等。假皮的矿物组成以硬玉和碳酸盐为主，此外还含有有机质，即树脂胶，而真皮的矿物组成以硬玉为主，没有碳酸盐和有机胶[4]。

参考文献：

[1] 袁奎荣.翡翠赌石预测初探.珠宝科技，1997(1).
[2] 欧阳秋眉.翡翠ABC.香港：天地出版有限公司，1996.
[3] 刘昌辉.缅甸翡翠名坑.中国宝石，1992(2)：42~43.
[4] 葛如善等.翡翠仔料真伪识别.中国宝石，1997(2)：16~21.